TopBook 饕书客

文 字 烛 照 未 来

海的味道 山的味道

*

冲绳与北海道美食手札

陈杰——著
周旭——绘

饕书客

陕西新华出版传媒集团
陕西人民出版社

图书在版编目（CIP）数据

山的味道，海的味道 / 陈杰著 . -- 西安 : 陕西人民出版社 , 2022.8

ISBN 978-7-224-14507-6

Ⅰ . ①山… Ⅱ . ①陈… Ⅲ . ①饮食－文化－日本 Ⅳ . ① TS971

中国版本图书馆 CIP 数据核字 (2022) 第 054240 号

出 品 人：赵小峰
总 策 划：刘景巍
出版统筹：关　宁 韩　琳
策划编辑：王　凌 武晓雨
责任编辑：王　倩 张启阳
整体设计：佀哲峰 翟　竞

TopBook
饕书客

山的味道 海的味道

作　　者 陈杰
绘　　图 周旭
出版发行 陕西新华出版传媒集团 陕西人民出版社
（西安市北大街 147 号 邮编：710003）
印　　刷 陕西隆昌印刷有限公司
开　　本 787mm × 1092mm 32 开 7.875 印张
字　　数 116 千字
版　　次 2022 年 8 月第 1 版
印　　次 2022 年 8 月第 1 次印刷
书　　号 ISBN 978-7-224-14507-6
定　　价 49.80 元

前言

PREFACE

山的味道，海的味道

有一天，在苏州的山塘街上走得筋疲力尽。这条曾经出现在著名的《姑苏繁华图卷》中的老街，有着高高低低的石板，错落有致的石桥。在小巷的僻静处，找到了一家不起眼的小店，决定停下来歇歇脚，消消暑，就点了那么一碗桂花鸡头米。

鸡头米，是江南水乡才有的食物。清代人说："苏州好，葑水种鸡头，莹润每疑珠十斛，柔香偏爱乳盈瓯，细剥小庭幽。"葑水，就在苏州城东的葑门外；鸡头米，是那里出产的"南荡鸡头肉"，正儿八经的名字叫芡实，是睡莲科芡属的水生植物。芡的成熟种仁白嫩如玉，尖端突起，状如鸡头，所以被俗称为"鸡头米”或“鸡头肉”。在夏秋交替的季节，桂花刚刚冒出头来，苏州人把从树上打落的桂花和鸡头米同煮，做成一碗清香扑鼻的清粥，如果能加入银耳或者红豆便再好不过。鸡头米软糯，红豆甘甜，一碗冰镇鸡头米粥，能解救一个被江南秋老虎晒得七荤八素的游人。只尝一口就能感觉到凉意带着沁人心脾的香味直奔胃里。喝着鸡头米粥，想象着当年，或许曹雪芹也在这里徜徉过，才会写出“最是红尘中一二等富贵风流之地”的批语来。

鸡头米好吃却难侍弄。旧时江南，只有富贵人家，才会让自己的使唤丫头，细细剥开一粒粒芡实，供给一家老小。要吃上一碗鸡头米，花的时间可不少。

靠山吃山，靠海吃海。江南水乡，有鸡头米这样精致的水中食材；而在粗犷的大西北，则有另一种风味。小麦做成的饼香气宜人，食客们将它细细掰成一小粒一小粒的碎块，在掰馍的过程中，肚子里的馋虫已经被勾了起来，不断闹腾。这个时候，掌勺大厨在碗里浇上那么一大勺热腾腾的羊肉汤，撒上一把葱花和香菜，汤清肉烂，让人食指大动。喝上一大口，寒气一驱而空，肠胃里渐渐暖和起来。干燥清冷的冬季，羊肉泡馍能把一个饥肠辘辘的人从沮丧的情绪中迅速拉出。

跟我们一衣带水的日本，虽然国土小，住在那里的人们也得靠山吃山，靠海吃海。日本的一都、一道、二府、四十三县，都有自己特色的乡土料理。多山的群马县，南部盛产小麦，于是当地人就给小麦面粉里混入酒曲发酵，制作丸子，用竹签穿起来蘸上饴糖烤熟，制作成著名的“烤馒头”。奈良县盛产柿子，每到秋季，奈良鹿苑的路边就都摆上了火红的甜柿，著名诗人正冈子规在1895年曾写下名句：“柿くへば鐘が鳴るなり法隆寺（吃着柿子，听到了法隆寺的钟声）。”而在奈良的车站和特产店，则能买到用柿子叶包裹着青花鱼或鲑鱼寿司的“名物”——“柿の葉寿司”（柿叶寿司）。即便经常被吐槽“什么都没有”“容易被人遗忘”的埼玉县，也有红豆饭包裹豆沙馒头的知名甜点——“いが饅頭”（赤豆馒头）。

一方水土养一方人。这次，我们去的是日本两个“不怎么日本”的地方：一个是阳光灿烂的南国，一个是冰雪皑皑的北国；一个有着强大的韧性和包容度，另一个则有着不屈不挠的拓荒精神。它们分别在日本的最南端和最北部，直线距离3800公里，但是两地人们制作的料理，同样有趣。

目录

CONTENTS

上篇 海与云的彼端

下篇

雪与花的国度

上篇

海与云的彼端

明朝嘉靖四十年（1561）五月二十九日，一个叫郭汝霖的中国人从福建闽江口开启了东渡东海的航程。

这位郭汝霖当然不是单枪匹马独闯大洋，他的正式身份是嘉靖皇帝派遣的册封使。就在六年前，即嘉靖三十四年，明朝的一个藩属国——琉球中山国的国王去世了，他是奉了皇命，渡海前往这个小国去册封新一任琉球国王的。

郭汝霖很幸运，出海以后遇上了好大一阵西南风，于是他顺风一路向东，琉球国派去迎接册封使的梁炫乘着琉球船只跟在后面，竟然追他不上。郭汝霖很快就一帆漂过台湾岛北部，接着是钓鱼岛、赤尾屿。过了赤尾屿，海水变成了墨色，深达 2700 米的东海海槽横亘在前，再过去，一日船程，就可以望见久米山，但因为风浪突然平息，郭汝霖不得不等待了三日，才驶入一个全新的国家境内——琉球国。

闰五月初七日，郭汝霖到达琉球首都那霸港的外围，他望着那霸港的点点帆影，等待着将他送入港口的最后一丝风。终于在初九日，郭汝霖率领的明朝册封使团踏上了琉球的土地。

航行了十余天的郭汝霖，算是十分幸运的了。当时，从中国去往这个孤悬在日本列岛遥远下方的群岛，往往需要漂泊更长时间。特别是过了赤尾屿后进入琉球海域，船上的人常常得等候风浪和洋流的眷顾，经历一段难熬的等待，甚至会遭遇漂流到未知海域的波折，才能抵达海和云的彼端。

然则，在四个半世纪以后，我们要去古代琉球王国所在的岛屿，已经变得无比便利。从中国东部的大城市，买上一张飞往那霸的机票，只要两个小时，就可以安然降落在这个海与天一样湛蓝的南国岛屿，感受岛上炽热的阳光。

四个半世纪里沧海变桑田，这个岛屿的命运发生了巨大的变化。曾经的琉球王国在经过一段曲折的历史以后，不复存在。

明朝万历三十七年（1609），位于日本九州南部的萨摩藩突然出兵侵略琉球国。对于琉球国来说，这是一场横祸，常年不修武备的琉球王国根本不是在战国战火中淬炼出来的萨摩武士的对手。三月二十六日，岛津军在琉球本岛运天港登陆，抱着“在天下太平前最后一场战争中捞足本钱”心态的岛津武士们一路烧杀抢掠，首里城周边化为一片火海。四月二日，琉球送出摄政具志头王子尚宏和三司官作为人质。三日，琉球国王尚宁王离开首里城，岛津军随后接收了首里城，将琉球王国历年收集的珍宝搜刮一空。

这是琉球历史上凄惨而屈辱的一幕。战后，尚宁王和王族、三司官等百余人被迫前往日本。岛津家向琉球提出了“掟十五条”，以此来保证岛津家垄断琉球的对外贸易；同时要求尚宁王出具誓约，确定了琉球为萨摩之“附庸”。

琉球遭岛津侵略是琉球历史的转折点，琉球所丢失的奄美诸岛被岛津家胁迫只能种植单一作物——甘蔗，岛津家通过垄断糖的售卖权牟取利益。而琉球的对外贸易被岛津家的御用商人所把持，由萨摩藩出资展开对中国和朝鲜的傀儡贸易，使得琉球在东亚海上贸易中“万国津梁”的地位不复存在。琉球人民则承受琉球王室和萨摩藩的双重盘剥。

琉球国在这种“一国从兹臣二王”的境遇下，度过了 200 余年。1879 年，琉球国遭遇了第二次劫难。日本自明治维新以后，在羽翼未丰的时代，就开始了对外扩张。早已从属于萨摩藩的琉球王国成为日本扩张的第一个对象。1871 年，新成立的明治政府宣布“废藩置县”，原本幕府治下的藩被废除，琉球国的宗主之一萨摩藩也被改成了鹿儿岛县。1873 年 10 月 15 日，明治政府突然发布诏书，改琉球王国为琉球藩，而国王尚泰成了琉球藩的藩主。日本政府派员接管琉球的外交事宜，试图一步一步达到吞并琉球的目的，但因忌惮琉球宗主国清政府的反应，不敢太过于张扬。

机会很快来了，1874 年，日本借口台湾岛民杀害了漂流到台湾的琉球岛民，发起了“征台之役”。经过第一次赌博之战，日本虽然没有实现侵占台湾的目的，却有了一个意外收获——清政府在战后签订的《中日北京专条》中承认琉球岛民和台湾岛民之间的冲突是“台湾生番妄图加害日本国民”，这等于变相承认了琉球归属日本。

就这样，日本加紧了吞并琉球的脚步，熊本镇台派遣军队进驻琉球，控制了琉球的军事权。1875年7月10日，日本下令让琉球停止向清政府进贡并求册封，使用明治年号，实行藩政改革，藩王尚泰必须前往东京。并威胁说，如果琉球继续保持当前的“两属”状态，一旦英、法等列强和中国发生战争，就有可能被割让为殖民地，如将来中日开战，夹在其中的琉球也会陷入两难境地，因此不如尽快融入日本。琉球王国就此要求进行了艰难的交涉，琉球复国运动的成员甚至走上清政府驻日公使的座船，直接向公使请愿。

但这并不能改变琉球的命运。1879年3月，日本特使松田道之率领400人的军队和160名警察杀气腾腾来到琉球，下令接管首里城。4月4日，日本宣布废除琉球藩，琉球成为日本的冲绳县。这就是日本所谓的“琉球处分”，也是琉球多舛的命运中的第二次劫难。

随后，清政府和日本进行了长期的艰难交涉，试图协助琉球复国。1895年，清政府在甲午战争中战败，与日本签订《马关条约》。被迫割让台湾和澎湖列岛的清政府再也无力顾及更遥远的琉球，日本吞并琉球遂成定局。

1945年，冲绳，也就是曾经的琉球，遭遇了第三次劫难。这一次，是让冲绳一代人撕心裂肺的战火浩劫。

这次，冲绳被绑上了日本军国主义战车。因为冲绳是进入日本本土最后的一块跳板，所以日本在冲绳布下了重兵。1945年4月，为彻底击败作恶多端的日本军国主义势力，美军第十军开始在日本的门户冲绳本岛登陆，驻扎在冲绳的日本第三十二军在牛岛满的指挥下激烈抵抗，第二次世界大战太平洋战场上最后一次大规模激烈战役由此打响。

这场战役进行至6月23日，牛岛满等日军指挥官自杀身亡，岛上有组织的抵抗基本结束。在战役的最后阶段，众多的冲绳民众被负隅顽抗的日军胁迫自杀，在冲绳岛的“嘎玛”（洞穴，冲绳语称呼洞穴为嘎玛，后来就成为冲绳战役中用作避难所、战壕、医院等用途的洞穴的代名词）中、悬崖边、密林里，到处都是被害的冤魂。冲绳战役之惨烈让人难以想象，根据1950年冲绳县援护课的初步统计，有188136名日本人死于该战役，其中参加战斗或协助日本军队的平民以及一般民众死亡者达94000人。1995年，为纪念冲绳战役50周年，在冲绳战迹“国定”公园里树起了一个“和平之础”，上面密密麻麻刻满了20多万个名字（2009年6月为止达240856人），包括战役中死亡的双方的军人、平民。

从日本投降后的1945年10月开始，驻冲绳美军对冲绳实行了长达27年的统治，冲绳民众在美军的重压下，度过了战后最难熬的时光，同时，冲绳的“复归（日本）运动”也萌生了。1972年5月15日，日美经过长期谈判所订立的《冲绳归还协定》生效，美国正式把冲绳的治权移交给日本。

回归日本的冲绳并没有从此平静，而是成为美国亚太战略布局的前沿阵地。占日本国土0.6%的冲绳有着75%的驻日美军基地，基地引发的环境污染、安全问题、美军军纪问题在此后半个多世纪里成为冲绳的“肿瘤”。在这一片曾经满目疮痍的土地上，冲绳的民众坚强地生活、作息。

就是这样的冲绳，吸引着人去感知它坎坷的过去。

冲绳，大约是最不像日本的一片日本土地。也是一片和海结缘的土地，感受冲绳，就从海开始。

一、海的恩赐

每一个人，第一次看到冲绳的海，都会被它的美所震惊。这一片海，用“wonderful”一词似乎并不足以形容它那种独特的气质，而是必须要用另一个流行词“excited”。

初识冲绳的海，是在冲绳中部恩纳村一个叫作万座毛的地方。万座毛意思是“能坐一万人的一片草原”。当然，能坐一万人是一种极度夸张的形容，这里蜿蜒曲折的游步道只用15分钟就能走完，足见这并不是一片“万座毛”。当然，心有多大，草原就有多大。为这片地方命名的，是琉球第二尚氏王朝（1469—1879）第13代国王尚敬王（1700—1751），他的统治时代大约在中国的康熙末年到乾隆初年。雅好文化的尚敬王为这片地方取这样一个夸张的名字，显然是怀着一种自豪而又文艺的心情，向当时和后来的人热情地“安利”这一片美景。

万座毛的重点当然不是“毛”，而是海。在游步道左侧不远处，一片奇峻的岩石在距离海面 20 多米的高处弯曲成象鼻的形状。而那一片蓝色，就从这象鼻的间隙中透出来。站在海边的峭壁上，凭倚栏杆向下望去，海水清澈透明，可看见海底的绿色珊瑚。而极目远眺，远处的海是一片极致的蓝色。蓝和绿的交界线已经模糊，散发出一种神秘的气息。

而要真正体会这片海的迷人之处，则要避开喧嚣的冲绳中部，远离万座毛的人群，向冲绳的南面走。在冲绳南边的知念岬，只要你掏出照相机，对着海随意按下快门，就能把一大片蔚蓝藏入镜头中。并且这一片无须“美图”的蓝专属于一两个人，在这里，夏日的空气安静得只剩下海风的声音。

村上春树的《且听风吟》中有一段美丽的文字：“海潮的清香，遥远的汽笛，女孩肌体的感触，洗发香波的气味，傍晚的和风，缥缈的憧憬，以及夏日的梦境……”

冲绳知念岬的这一片海则给了村上的这段文字一个极好的注解。

来到冲绳，海不可以不看，而海的恩赐，更不可以不尝。

降落那霸的第一个晚上，在那霸市最热闹的一条商业街——国际通，找到了一家冲绳家庭料理店，服务员递上菜单以后，点的第一道菜是慕名已久的海葡萄（Sea Grape）。

海葡萄？没错，端上来的那一小碟海藻，确实像极了袖珍葡萄。绿油油的藤上点缀着一连串晶莹剔透的颗粒。冲绳人吃海葡萄的方法简单粗暴，择上那么一小碟，加上一点蘸料，一筷子夹起直接送入口中。这个时候，只要上下颚轻轻一压，就能感受到小颗粒破裂的快意。当一颗颗海葡萄在齿颊间爆裂的时候，其中的一点汁水便混入蘸料中，带出一丝海特有的咸鲜味道。无怪乎有人称呼海葡萄为“绿色鱼子酱”。

海葡萄是绿藻门羽藻纲羽藻目蕨藻科蕨藻属的一种植物，它的学名叫长茎葡萄蕨藻（Caulerpa lentillifera）。这个名字太长，我们大部分人只要知道它的俗称——海葡萄就好。关于这种植物，有一个比较“倒胃口”的冷知识：我们最喜欢吃的叫“葡萄”的部分，其实是海葡萄的生殖器官。当海葡萄想要有下一代的时候，一颗颗葡萄状生殖器就开始进行减数分裂，葡萄的上面部分凝聚成雌性的网状结构，下面部分形成雄性的网状结构。三至四天以后，它们在光线的刺激下会大量释放出长着两根鞭毛的配偶子，雌雄配偶子彼此结合，就长成了一个球状体，再慢慢生长出海葡萄的茎和葡萄颗粒。神奇的大自然中就又完成了一轮“生命的大和谐”。

成熟的海葡萄大量生长在冲绳的海岸线上。在陆地延伸入海的斜坡上，海葡萄的“葡萄藤”（正确的名字叫“匍匐茎”）上长出一条条如胡须一般的丝状假根。这些根并不像一般植物那样有摄取营养的作用，而仅仅是一种固定器，像手一样牢牢抓住海水下的砂砾岩石，因此，海葡萄才能在海水一轮一轮的冲刷下保持一种“飘柔般的自信”。冲绳的渔民们，会在退潮的时候，沿着海岸线寻找海葡萄的踪迹，只要轻轻一扯，就能把匍匐在砂砾岩石上的海葡萄采收下来，变成盘中美食。

冲绳人太喜欢海葡萄了，不仅仅因为它是海的恩赐，在这个炎热的岛屿，它能够带来清爽，更因为这是冲绳人长寿的秘诀之一。今天的科学研究表明，海葡萄具有多种人体所需要的氨基酸和维生素，具有抗氧化、抗肿瘤的作用。海葡萄的一些提取物可以用来治疗痛风、糖尿病、肥胖症，并且具有抗病毒、抗肿瘤的活性，是名副其实的“一身都是宝”的植物。

然而，人类的口腹之欲可能会让一个物种遭遇灭顶之灾，不过在今天的冲绳，吃海葡萄不需要担心。冲绳人为了拯救日渐枯竭的海葡萄资源，从 1985 年开始进行海上人工养殖，到了 1989 年，陆地上也有了海葡萄的种植地。所以在冲绳的大小餐馆里，我们能吃到的都是养殖的海葡萄，但其风味并不亚于野生的种群。

海葡萄的主要养殖区域就在冲绳本岛北部的恩纳村，养殖户从海上汲取富含矿物质成分的海水，培育这种翠绿的“蔬菜”。研究表明：海葡萄最适宜生长在 25—27.5 摄氏度、含盐量 30‰—40‰的海水中，并要有适当的光照。在夏天，只需要一个多月时间就可以收获，而冬天也只需要 70 多天的时间。种植海葡萄的养殖户，会把匍匐茎上生长的带有葡萄颗粒的直立枝小心地摘下，用新的海水浸泡四天左右，去掉水中的微生物，便可装箱上市。采购海葡萄的料理店，只需简单料理，就能把一碟新鲜的海葡萄送到食客面前。

吃海葡萄也是一门学问。这种植物不能冷藏，如果你把它塞进冰箱里保鲜，对不起，一个晚上以后，这种敏感的植物会变得干瘪瘪的，你便感受不到那种颗粒入口以后爆裂的快感了。所以，今天我们能吃到新鲜的海葡萄，必须感谢越来越发达的物流业，能在极短的时间内将海葡萄从海边运送到餐桌上，确保我们在两三天内享用这种昙花一样美好转瞬即逝的食物。

同时，在制作海葡萄料理的时候也要特别注意，千万不要像制作其他蔬菜沙拉或凉拌海菜那样，将沙拉调料或醋直接倒上去。这样做的话，你吃着吃着，就会发现海葡萄不再坚挺和饱满，因为海葡萄颗粒对盐分、酸碱度等也十分敏感。所以，所有制作海葡萄的料理店都会用一个葫芦形的碟儿装它，小碟里放着的是沙拉调料或三杯醋，大碟里摞着的是新鲜的还带着水分的海葡萄，需要夹起海葡萄，放到蘸料里蘸一下再食用。

海葡萄并不是冲绳特有的植物，在亚洲的其他地方，也有人享用着这种美味。我们从冲绳出发一路向南，越过中国东海、南海，到达被古代日本人称呼为“吕宋”的菲律宾。在菲律宾西部巴拉望（Palawan）

的海滩红树林下，距离海平面3—5米的浅滩中，也一丛一丛生长着海葡萄。菲律宾人划着他们特有的一种叫“bangkas”的小船，划到海上，一个猛子扎入海里，将它们采收下来，仔细地洗干净，送到市场出售。

在菲律宾，海葡萄被称为“latô”。当地人也深知海葡萄的秉性，用洋葱、西红柿拌上一点调味料，和清洗干净的海葡萄一起送入口中，许多来菲律宾旅游的外国人都对这一道充满当地特色的沙拉抱有浓厚的兴趣。

蓝色的海和绿色的海葡萄，就是一种绝妙的搭配。因为有海的恩赐，人们才会对冲绳如此向往，也会在离开冲绳以后，不断怀念口中留下的冲绳的味道。

二、除了叫声和蹄子，其他都能吃

在冲绳那霸国际机场，买到了一包“冲绳限定”的方便面，在包装上，画着一只萌萌的猪。

方便面虽然是方便食品，但最好的做法是煮一煮。这包面的调味料极其简单——只有一包，和动辄吹嘘自己“三包调料”的同类形成了鲜明的对比。但是当把煮过的面捞入热水，放上那一小包调味料的时候，奇迹发生了。面汤变成了漂亮的乳白色，散发出浓郁的猪骨汤香味，面条爽滑咸鲜。南方人食面，最讲究汤头，有了用这一小包调味料做出来的猪肉浓汤，这一包方便面虽然只是方便食品，却足以征服一个饥肠辘辘的人的胃。

因为，这包调味料，是用冲绳特有的阿古猪为材料制作的。

其实，冲绳是一个“不怎么日本”的地方，琉球王国的长期统治以及其和中国的密切关系，使得冲绳人的饮食和生活习惯受到中国南方的深刻影响。冲绳有一句俗话：“猪，除了它的蹄子和叫声，其他都能吃。”它道出了冲绳人对猪的喜爱之情。

冲绳的食猪肉习惯，毋庸置疑是来自与自己一衣带水的邻国中国，那里有漫长的食猪肉的历史。在中原地区，河南舞阳贾湖遗址一期中，出现了齿列扭曲的猪下颌骨的标本。猪在最初被驯化的过程中，齿列由直变得扭曲，正是考古学鉴定家猪的一个重要指标。这说明中国中原地区至迟在8700年前就已经存在饲养家猪的行为，且明显还可以向更早期追溯。而在杭州萧山的跨湖桥遗址中，也出现了颌骨齿列明显扭曲的标本，由此可以确认在8200年前的长江下游地区也出现了家猪。另外，在西部的渭水地区、西南三峡地区、淮河中游地区等，都发现了6900年以前就已开始驯养家猪的证据。考古学和生物学两个方面的研究都充分证明，中国的家猪是本土起源的，而且是多中心起源的。

历史上，猪和牛、羊一起被列为“三牲”，用于祭祀。商代的青铜器中，就有豚尊；汉代的墓葬中，频频出现陶制的猪圈；魏晋南北朝的绘画墓砖上，也有烹制猪肉的场景。食猪肉的习惯在中国人的生活中渐渐根深蒂固，就连大文豪苏东坡都得意地和大家分享他的猪肉料理心得：“慢著火，少著水，火候足时它自美……”

今天的冲绳，很多地方还保留有“杀年猪”的习俗，杀完猪以后，和我们一样，会制作冬季的腌肉。这个风俗，可以说“很中国”了。

那么，啥是阿古猪呢？

冲绳人饲养的猪，原本是600多年前从中国本土引进的一种黑猪。1385年，琉球国王察度派遣的出使大明的使节从中国南方带回了种猪。随后，福建一带的归化民在1392年把猪的养殖技术带到琉球王国，琉球王国的养猪史由此开始。这种黑猪通体黑毛，身材比一般的猪短小，但“浓缩的就是精华”，其体质强健，尤其是肉质鲜美异常。这种猪被称呼为“アグー”,阿古猪这个名字,就是根据这个名词音译过来的。

到了明治维新时期，为了改良阿古猪，冲绳人又借着开放的东风，从西洋引进种猪，和阿古猪进行改良交配。改良后的成年阿古猪能长到100公斤左右，而一般的猪成年后可达200公斤以上，足见阿古猪是多么的“迷你”。

然而，在第二次世界大战中，阿古猪遭到了一场灭顶之灾。当时狂轰滥炸的美军和负隅顽抗的日军在这一片小小的岛屿上相持不下。待硝烟散尽，劫后余生的冲绳人发现战前有10万头之多的阿古猪只剩下不到30头。而阿古猪不仅体形小，生育能力也不如一般的猪，一次仅仅生产4—5头，所以，经过战火洗礼的阿古猪，面临着灭绝的危险。

好在，从1981年开始，冲绳的名护博物馆开始对阿古猪的生存情况进行调查。三年后，在冲绳县立北部高等农林学校，阿古猪配种研究工作正式展开，研究人员力图通过引进品种进行基因选择，使阿古猪恢复战前的种群数量和品种特征。这项研究持续到1993年，冲绳县才基本获得了具有战前阿古猪特征的阿古猪种群，为阿古猪的推广奠定了宝贵的基础。

今天，市场上出售的“阿古”品牌猪（アグーブランド豚），是阿古猪之间或者雄性的阿古猪与雌性的西洋猪交配繁殖的。西洋猪的引入改进了阿古猪的肉质，提高了肉产量。经过20多年的发展，现在在冲绳各处，都能享用到用阿古猪肉制作的美味，并且衍生出不少新的料理。

做料理用的阿古猪肉被形容为“霜降肉”。“霜降”这个词语，一般是用来形容牛肉的。用锋利的刀轻轻切开牛肉，就可以看到肉身红色的表面上布满了白色的脂肪点，犹如初冬的早晨冷霜撒在了红土地上。而阿古猪肉也有这样的特点。有数据表明，一般猪肉中的脂肪含量大约是2.4%，而阿古猪肉的脂肪含量可达到5.4%，具有更明亮的光泽。所以，被切成片的阿古猪肉，红色的肉和白色的脂肪交相辉映，会令人立刻想到春季的樱花。

冲绳阿古猪霜降肉

肉身美丽的红色表面上布满了白色的油脂，犹如初冬清晨红土地上凝结的冷霜，又似那春天绚烂的樱花。

这样美丽的食材，最好的吃法就是做成涮涮锅（あぐーのしゃぶしゃぶ）。搭配猪肉的，有豆腐、日本水菜、腐皮、长葱和一锅高汤，再加上一点酒去腥。汤汁沸腾的时候，小心地夹起一片猪肉，涮上几秒，看着猪肉在沸腾的汤里慢慢蜷缩，汤汁的精华也渐渐被裹入肉卷。蘸料是清口解腻的橙醋，或者自带香味的芝麻酱，猪肉入口后，首先感受到的是脂肪化开的味道。阿古猪肉真的做到了肥而不腻，肉质柔嫩，还自带一点甜味。总之，没有什么事情是一顿阿古猪肉火锅不能解决的，如果有，那就再来一顿。

对了，涮过阿古猪肉的火锅汤汁，千万不能浪费，必须放入一卷乌冬面。小麦独特的吸水特性使得小孩手指粗细的面条渗透了阿古猪肉的味道，最爽的就是夹起一根面条，从一端“嗖”的一声歡到另一端的时候。汤汁的鲜美和面条的爽滑，被这一声体现得淋漓尽致。这个时候，礼仪、体面就抛到脑后吧，全身心投入享受食物就是对阿古猪肉的最大的敬意。

烹制阿古猪肉的另一种方式是红烧，红烧肉大概是人类驯养猪以来最伟大的发明。任何调味料都不像酱油和糖那样能和猪肉完美融合。在糖和酱油的共同作用下，猪肉呈现出红亮的颜色，对于嗜肉一族来说，这是最大的诱惑。同时，酱油的咸鲜和糖的甜味互相搭配，氨基酸和糖共同协作激发出了无法抵抗的香味。苏东坡说："慢著火，少著水"，好的猪肉，不需要加多少水，靠着肉质本身的水分和脂肪慢慢熬制，就能析出浓郁的汁来。

阿古猪肉是冲绳的珍宝，冲绳人会把阿古猪肉利用到极致。脂肪含量高的阿古猪肉还有一种特殊的用途，那就是——熬猪油。

猪油可是一种"尤物"，吃面的时候，只要挖上一小勺猪油，拌上葱、酱油、糖，就能让平平无奇的面条散发出特别的香味来，少了猪油，你会发现拌面索然无味。就连熬油剩下来的油渣都是一种好食材，在热腾腾的汤面里撒上一把，能增香提味。在肉贫乏的年代，这可是人们解馋的利器。

冲绳人则另有秘方，他们将带着脂肪的猪肉碎和味噌一起炒制，加入冲绳本土的烈酒泡盛去腥，再加少许糖，制作成一款风味独特的食品。在冲绳湿热的环境中，食物很容易腐坏，自带盐分的味噌可充当防腐剂。这样制作成的独特美味，被冲绳人珍而重之保存在罐子里，作为家中常备的一款食品，调味、下饭都是一绝。

除了阿古猪肉，爱吃肉的冲绳人还有一个心头好——石垣牛肉。

在冲绳县南部八重山列岛的石垣市，出产全日本最好的牛肉。这里出产的小牛，曾经被运送到松阪等地继续饲养，成为日本名声在外的“松阪牛”，也大量出售到大阪、名古屋等大城市。1997 年，为了打响冲绳本土的牛肉品牌，冲绳人正式将这种牛定名为“石垣牛”，那霸的国际通等主要街区也风风火火开起了众多烤肉店，石垣牛肉迅速成为冲绳烤肉的主角。

如果你是肉食动物，一定会爱上冲绳，无论是烧烤还是火锅，肉总是当仁不让的头牌，没有任何蔬菜能顶替它的位置。特别是当阿古猪和石垣牛肉摆上桌子的时候，只要拿起筷子，就可享受一场蛋白质和脂肪的狂欢。

三、“拉面空白地带”的逆袭

冲绳首府那霸，晚上最热闹的一条街就是国际通。

迷离的灯光，交错的招牌，熙熙攘攘的特产店，琳琅满目的风狮爷，会让一个逛了一天疲惫不堪的游客一不小心就迷失在主街上。这个时候，饥肠辘辘的旅人，脑海里肯定萦绕着一个人类千百年来都为之头疼的重大问题——今天晚上吃什么？想着想着，可能肚子就更饿了。

这个时候，绝大多数人会看着手机导航地图，迷惘地望向国际通主街上那五花八门的招牌——家庭料理、石垣牛、阿古猪、甜品蛋糕……也可能会在一家店门口停下，盯着菜单良久搜索。等下！简单点！思考问题的方式简单点！既然在此处难以抉择，我们不妨离开这条让人迷乱的街道，拐弯走进僻静的小巷里去找寻。

从国际通任何一条巷子口拐弯，都好像一下子从繁华回到了僻静，连灯光都静谧了很多。走在国际通中段小巷，昏暗中突然出现了一块浮夸的招牌——用龙飞凤舞的汉字写着店名“拉面（ラーメン）康龙”，而在店名周围，“bling bling”地装饰着一圈闪烁的霓虹。小心翼翼地拉开店门，狭小的店面里大约只能坐下十个客人，店员们都一言不发地在吧台后忙碌着。

这样的拉面店不只在冲绳，在日本全国少说有好几万家。日本的拉面店，称得上是“社交恐惧症的福音”，这家也是。门口摆着的一台自动贩卖机就是它的柜台和菜单，你完全不需要和任何店员沟通，只需要和这台机器对话——投入日元，选择你想要吃的拉面，把弹出的拉面券交给店员就可以，全程一句话都不用说。在落座以后，店员会递给你一支笔和一张纸，你可以在纸上选择面条的粗细、软硬度，汤的辣度，配菜的种类，然后交给店员，不久就能得到一碗“私人定制”的拉面。

如果还没有吃饱，也没关系，在每个座位的前方都有一个投币的小机器，加半份面，投入一枚 100 日元的硬币，加一份面就投入两枚。钱丢进去以后，机器上的灯光亮起，店员会立刻把追加的面条放到你面前。

对于恐惧社交的现代人来说，这是多么贴心的设计啊！要吃一碗好吃的面，不需要说一句话，只要带着嘴来，专心吃面就是了。

当然，这种“沉默式”的服务只适用于美味。且看所有吃面的人，几乎没有人交头接耳，都在专心享受面前的食物。只有好吃的食物，才能塞住吃饭时试图闲聊的嘴。

冲绳的拉面，初看起来和日本其他地方的拉面没有多大的区别：黑色的面碗里，盛着泛浅黄色光的面汤，这一边是嫩嫩的笋片，那一片是切得很细致的昆布，附带一大片紫菜，面条上撒着一把芝麻。

不过，这碗面大有来历。冲绳，一度被称为“拉面空白地带”，在这个“很不日本”的区域，流行的一直是一种叫“冲绳荞麦”（沖縄そば）的面。

冲绳荞麦面名不副实，虽然名字里有“荞麦”两个字，但这种面却根本不是用荞麦制作的，和日本本土流行的那种有一点黑的荞麦面没有任何关系。它还有一个名字，叫“木灰荞麦”（“木灰そば”），这个名字源自这种面的做法：冲绳荞麦面以小麦粉为原料，在制作的时候，按照中国人的习惯，会加入碱水，这样就使得面在揉制完后，更有弹性，更筋道。冲绳人在制作碱水的时候，就地取材，使用当地的树木制作草木灰，将草木灰和水混合后静置，上层的清水就是碱水。用这种碱水制作的面，有一种灰灰的颜色，像极了日本本土的荞麦面，所以人们就把这种完全没有荞麦的面称作“木灰荞麦”。

这种奇特的面条，一般认为是由明朝派遣的册封使从中国带来的。冲绳本地学者发现，中国福建的福州、泉州等地，也在食用类似的加入碱水的面。而这种做法，在日本其他的都道府县都没有，所以只能推测是从中国传来。根据文献记载，明朝政府派遣的册封使往往会从出发地福建带一些随从，其中就包括厨师。因此，很可能是册封使把福建沿海的这种面带入了琉球。久而久之，琉球王国也开始制作这种面，作为官方的接待料理接待册封使。

在很长一段时间里，这种特立独行的面并没有流传到琉球民间，直到明治时期的1902年，在那霸市的东町，警察署附近，开了一家“支那荞麦”店，老板雇用了一批来自中国福建的厨师，开始制作碱水面。此后，在那霸的“风俗街”辻游郭附近，“支那荞麦”店的员工又开出了一家比嘉面馆，并且改进了部分做法。随后，福建人张添基在比嘉面馆附近开了一家观海楼，打起了客源战。很快，冲绳当地为了规范管理，就把这一类面条统一命名为“琉球荞麦”。

从明治末年起，经过多年不断的改良，琉球荞麦

冲绳荞麦面

狮子头里没有狮子，夫妻肺片里没有夫妻，娃娃菜里没有娃娃，冲绳荞麦面里果然没有荞麦。

已经大受欢迎，大正九年（1920）开业的丰家、井筒屋，大正十四年（1925）开业的新山食堂，昭和二年（1927）开业的三角屋等，都因为售卖琉球荞麦而名声大噪，成为享誉一时的名店。比如井筒屋，号称每天能卖2000碗面，巅峰时期排队吃面的人数量应该不亚于今天的网红名店。

不过好景不长，日本在二战中的疯狂侵略行径连累无辜的琉球荞麦也付出了代价。在美军的炮火轰炸过后，冲绳人赫然发现，战前火爆的琉球荞麦店不复存在了。

不过幸运的是，战后，占领冲绳的美军为了缓解冲绳粮食匮乏的状况，运来了大批的小麦粉，使得琉球荞麦得以浴火重生。于是，在那霸的平和通和国际通周围，雨后春笋一般出现了不少出售琉球荞麦的新店，被战火毁掉的战前名店也相继恢复。

随着时代的变迁，琉球荞麦继续改善。为了适应更多人的口味，逐渐引进了日式拉面的一些做法，比如使用日本人惯用的昆布和鲣鱼制作汤汁，以便迎合日本本土人的口味。而随着煤气炉的普及，获取草木灰的途径也越来越少，琉球荞麦开始大量使用碱水来制作，传统的方法慢慢退出了历史舞台。1972 年，冲绳复归日本，为了和日本本土的荞麦面相区别，冲绳人正式将这种面定名为“冲绳荞麦”。

除了汤面以外，在冲绳，炒面也是广受欢迎的食物。某一天，在冲绳一家家庭料理店吃饭的时候，看到吧台的上方挂着一块白色写字板，上面用醒目的片假名写着“イカスミヤキソバ，650 円”，下面画着一只极其卡哇伊的乌贼正伸出触须招手。

乌贼墨汁炒面？竟然有如此奇怪的食物！于是就请教开店的老奶奶这究竟是何物。正在上菜的老奶奶神秘一笑：“炒面！很好吃的哟！”少顷，老奶奶端上了一碗颜色花哨，让人眼前一亮的炒面，红色的是红姜丝，绿色的是豆芽和卷心菜，而面条竟然是黑色的。这一碗炒面用的面条，掺入了乌贼的墨汁。让人瞬间想起在《中华小当家》里，魔女芝玲做的墨鱼面——次元壁破裂了！

可不要小看乌贼的防御工具，这种黑色的、黏糊糊的液体是非常受人类欢迎的。它可以用来做黑色的颜料，还可以入菜。在地中海区域，乌贼墨汁就是一种广受欢迎的食材。在威尼斯水城的餐厅里，一碗墨鱼意面足以让你忘掉周围的美景，全神贯注于料理。而日本人开始使用这种“暗黑食材”似乎也和西方传教士有关。据说是来自葡萄牙的传教士把乌贼墨汁的制取方法带到了日本。作为日本和亚洲大陆之间中转站的冲绳，很快接受，并且把乌贼墨汁变成冲绳料理中的一大特色食材。

乌贼墨汁有种奇怪的特性，经过它“洗礼”的食物，尤其是碳水化合物，会有一种让人欲罢不能的鲜味，这种鲜味引得人想要舔盘子。比如冲绳独具特色的墨鱼饭，一大碗米饭被墨鱼汁浸泡以后，在砂锅中咕嘟作响，乌黑油亮，看外表仿佛是童话中巫婆的药汤。但是只要吃上一口，就忍不住要用勺子刮尽碗底每一点残余的黑色汤汁。那一碗墨鱼炒面也是如此，有一点黏的墨鱼汁附着在面条上，随着口唇的运动“吸溜”一声滑进嘴里，这时嘴角一定会残留着黑色“墨点”，然后舌头一转，非得把所有的墨汁都收走才过瘾。

冲绳和日本本土的交流随着 1972 年的“复归”密切起来，尤其是 20 世纪 70 年代日本正处在经济腾飞时期，腰包逐渐鼓起来的民众有了闲钱，也有了假期，冲绳往往成为他们度假的第一站——因为在当时的日本人看来，这里是一个不用出国却能体验那么点异国情调的地方。到了 80—90 年代，日本人国内游的首选仍然是冲绳。冲绳料理界以此为契机也开始和本土进行交流。1987 年，冲绳荞麦正式进军日本本土。而相应地，本土的拉面也开始进入冲绳。

如果没有到过日本，见过满街的拉面屋，你想象不到日本人对拉面的狂热。实际上，拉面并不是一款古老的日本美食，从它登陆日本到风靡日本不过一百年左右的时间。

在明治后期，日本还是一个贫富差距很大的新兴资本主义国家，对于大多数穷人来说，吃饱是首先得考虑的事情。要知道，在明治时代，东京甚至还开设有“剩饭屋”，顾名思义，就是把剩饭集中起来低价卖给贫民的店。那个时代，许多穷苦百姓经常靠这样的“泔水”果腹。而拉面为填饱肚子提供了另一种可能性——它并不贵，能满足人们对碳水化合物的需求，味道也不错，至少胜过剩饭剩菜。而且经过一百年的改良，拉面早就从一种“中国传来”的食物变成了具有日本特色的食物，所以，在日本全境到处可见拉面店。据统计，日本每年大约有 6000 家新拉面店开业，同时又有 5000 家拉面店关门大吉。如果你做得不好吃，随时会在惨烈的竞争中被淘汰，这促使拉面从业者不断改进口味，而且每一家都把自己的配方秘不示人。

在这样的情况下，冲绳不可避免地被纳入拉面王国，在日本的国土上，怎么可能有“拉面空白地带”呢？2000 年，博多拉面一风堂借用新横滨拉面博物馆的“新・当地拉面创生计划”，搞出了一个“冲绳拉面开发计划”。于是在第二年，在新横滨拉面博物馆的支持下，第一家打着“琉球拉面”旗号的店——琉球新面・通堂在新横滨拉面博物馆试营业，营业时间为一年。它的前身是开业于 1988 年的居酒屋“野郎良次”。2002 年 8 月，在新横滨拉面博物馆试营业结束后，通堂在那霸开出了第一家店——小禄本店。

走进琉球新面・通堂，一般会对着它的自动贩卖机困惑良久：男人面？女人面？这是什么鬼？实际上这是通堂的一个噱头。男人面是用猪骨猪肉熬制的汤底，汤头比较浓郁厚重；而女人面是用鸡熬制的汤底，比男人面的汤头更清淡。男人面一般是用黑色的碗装，而女人面用的是红色碗。当然，并不是说男人只能点男人面，女人只能点女人面，完全可以根据自己的口味确定想要吃的面，而不用理会世俗的眼光。

随着通堂的出现，冲绳的拉面业骤然红火起来。2008 年，冲绳县搞了一个名为“らぁ★麺ふぇすた”的旅游发展计划，招募当地的拉面店做集中宣传，第一期有 10 家店铺加入，而到了 2013 年的第三期，有来自那霸、浦添、宜野湾、与那原町等全县各地的 23 家拉面店加盟。冲绳县通过这样的方式，不遗余力地宣传新兴才不到 20 年的拉面行业，终于打出了一方天地。

现在，许多来到冲绳的游客，会把去吃一碗拉面列入旅行清单中。不信你看，各种冲绳攻略里，塞满了拉面店的推荐广告页。暖帘、通堂、康龙……这些冲绳当地的网红拉面店，即便不是饭点，也排着长长的队，不论是冲绳人，还是游客，都沉溺于拉面的独特魅力中。

四、心急吃不了岛豆腐

在冲绳的拉面店里，吃到了一款有趣的豆腐。菜

冲绳花生豆腐

花生豆腐应该是咸的还是甜的？这，是个直击灵魂的问题。

单上，它叫作“花生豆腐”（ジーマーミ豆腐）。

当它出现在桌上的时候，被装在一个拳头大小的碗里。它不像寻常豆腐一样方方正正，倒是有个萌萌的覆钵状的外形，浸泡在黑褐色的汤汁中，顶部还有一点花生碎，仿佛在做“自我介绍”。因为这是和花生豆腐的第一次接触，所以下勺时小心翼翼。用勺子轻触表面，有一种布丁的质感。沾一点黑色的汤汁在舌尖，意外地发现竟然是甜的——为豆腐赋予味道的是用冲绳特有的黑糖制作的糖水！裹着黑糖水的花生豆腐，入口冰爽，花生碎为豆腐增加了口感层次，浓郁的花生香味从甜味中探出来，触摸舌尖和鼻子。在吃完一碗咸鲜滚热的拉面以后，的确迫切需要这样一道可爱的小甜品来中和味觉。

这道豆腐其实也有点“骗人”。名为“豆腐”，可里面一点豆子都没有。豆腐是用大豆磨制成豆浆以后，加入凝固剂凝固成型的豆制品，但是花生豆腐不是。制作花生豆腐的原料是花生和冲绳当地的红薯淀粉（冲绳方言称为“芋くず”）。制作的时候，要先把花生在水里浸泡一晚，剥壳去掉红皮，碾碎加水搅拌，然后过滤几次，去掉渣，加入红薯淀粉，用火加热继续搅拌，直到成乳白色，压入模具滤去水分以后冷却，就做成了花生豆腐。

这种独特的花生豆腐，流行于冲绳和邻近的鹿儿岛县乃至中国台湾等地，但是不同的地方有着不同的制作手法和吃法。因为花生豆腐该是咸的还是甜的这个触及灵魂的问题，不同口味的人都能打起来。冲绳人用黑糖调汁，把它做成一道精致甜品，而其他许多地方的人一般是加酱油做成一道微咸的凉菜，有些人还喜欢加一点小葱提味。不论是甜品还是凉菜，花生豆腐都能靠自己的颜值和内涵完美驾驭。

其实，除了花生豆腐这样“可盐可甜”的“小家碧玉”，冲绳豆腐界还有“岛豆腐”这样名声在外的“大家闺秀”。

传说，发明豆腐的是中国西汉时期著名的淮南王刘安。正史中的刘安是一个才华横溢的人，他是汉高祖刘邦的孙子，《淮南子》的编撰者。刘安雅好方术，因此人们认为他在炼丹的时候，无意中发现了豆浆加入石膏可以凝固，从而做出了豆腐。事实上，在汉朝以后 1000 年，文献中才慢慢出现豆腐的踪迹。至少在淮南王自己的《淮南子》里，找不到有关豆腐的记载。所以，豆腐的发明权虽然归属中国人，但至少是在五代或者宋朝的时候才出现。

日本的豆腐制作方法，当然是从中国传去的。在日本，最早载有“豆腐”二字的文献是奈良春日大社寿永二年（1183）的供物帖，上面将“豆腐”写作“唐府”。“唐”这个谐音，说明了日本豆腐的中国源流。日本豆腐协会的官网也表示，日本豆腐是遣唐使带来的。但考虑到中国豆腐诞生的时间，这种说法也不可靠。应该是在宋日贸易往来的时候，由中国前往日本的商人或者是前来中国的日本僧人带回日本的。而豆腐从最初出现在寺院神社，到广泛普及于民间，又经过了一个漫长的过程，到江户时代，豆腐才成为日本平民餐桌上常见的一种食物。

不得不说，发明豆腐是中国人对东亚饮食文化圈的一大贡献，为东亚民众提供了一种用植物蛋白代替动物蛋白的方案。因为豆腐是用石膏等蛋白质凝固剂让大豆中的蛋白质凝固而成。原产于中国的大豆，蛋白质含量甚至高于猪肉和鸡蛋，它的氨基酸组成和动物蛋白十分相似，也容易被人体吸收。制作成豆腐以后，大豆的食用口感得以提升和丰富，更易消化，这样的发明，为人类生存立下了巨大功劳。

对于日本人来说，豆腐有着特别的意义。从 7 世纪后期开始，天皇和朝廷就多次颁布禁止杀生的条例，排斥肉食。虽然武士和老百姓为了维持体力，并不那么严格地遵守不吃肉不杀生的禁令，但是从肉类中摄取动物蛋白受到极大的限制，在这种情况下，豆腐就成了日本人心目中的“神物”。

即便是今天，在诸多日本虚构作品中，豆腐的出镜率也极其高。不信你看，《头文字 D》中的藤原拓海可是开着一辆豆腐店送货车在秋名山漂移的。《正义检事》里吉高由里子饰演的主角，家里开的也是一家豆腐店，令人羡慕的是她们家每天都吃豆腐宴。在 800 多年的豆腐食用史中，日本人发明出了无数的豆腐料理——汤豆腐、煎豆腐、油炸豆腐……当然和中国人一样，制作豆腐时产生的副产品也得到充分利用，比如豆皮，就是制作知名的稻荷寿司的原料。

日本本土的豆腐大致可以分为四种：绢豆腐（絹ごし豆腐）、软豆腐（ソフト豆腐）、木棉豆腐和充填豆腐。它们都是由豆浆制作而成。豆腐店会先把大豆浸泡在水里磨碎，制作成水豆结合的“生吴”。要用“生吴”制作豆浆，一般有两种方法。一种是将“生吴”加热煮熟，制作成“煮吴”，然后滤出豆渣，这叫“煮榨法”。另一种是直接将“生吴”揉捏挤压滤除豆渣后再煮熟，称为“生榨法”。不论用哪一种方法，最终都会得到一缸澄清的豆浆。在豆浆里加入蛋白质凝固剂，比如盐卤、石膏，就可以初步获得豆腐，这一步在中国称为“点卤”。

等豆浆凝固成布丁状后，在水中切割制作出的就是嫩滑如脂玉的绢豆腐。如果将凝固后的豆腐放置到定型箱里盖上布压出水分，得到的则是干制的木棉豆腐。水分介于木棉豆腐和绢豆腐之间的，称为软豆腐。如果先把豆浆冷却，再加入凝固剂，加热，硬化，得到的就是所谓的充填豆腐。

不过冲绳人却采用了不同于日本本土的豆腐制作方法，相传冲绳的豆腐制法是从中国福建一带传入的。由于冲绳人有养猪的习俗，而豆腐的副产品——豆渣则是最好的猪饲料，所以冲绳的豆腐产业和养猪产业是“命运共同体”。

冲绳人制作岛豆腐一般是用“生榨法”。相比“煮榨法”，这种方法其实更麻烦，但是能最大限度地保留豆腐的风味。把滤除豆渣的豆浆上锅煮一小时，小心地撇去浮沫，加入海水或者卤汁使其凝固后，就是岛豆腐的初步形态——ゆし豆腐。在这种嫩嫩的豆腐上，只加一点点酱油，就能激发出它的豆香味。冲绳人也用它来煮味噌汤，在绝大多数情况下，豆腐都是味噌最好的伴侣。

把ゆし豆腐放入定型箱，用布沥干水分，就做成了岛豆腐。在日本本土，豆腐制成以后，一般会冷却，放置在水中隔绝空气，或者直接进行包装，以便长期保存。但是冲绳人却别出心裁，在豆腐还带着余温时，就会将其摆上货架出售，人们可以在市场买到热腾腾刚出锅的新鲜豆腐。

岛豆腐，其实有点类似我们所说的老豆腐或者北豆腐，比嫩豆腐更坚实，适合做一些煎炒的料理。事实上，在冲绳，大部分的岛豆腐都被用来做一道叫“チャンプルー”的菜。“チャンプルー”是冲绳方言，意思是“混起来的东西”。其实就是一道中国人也常炒的家常菜：将岛豆腐切成小片，和洋葱、豆芽、包菜及冲绳特色苦瓜等蔬菜一起放入油锅煎炒。炒时一定要加入一些盐腌制的咸肉片提香，出锅前可以滑入已经打发的鸡蛋，提升菜的口感。调味料只用家常的盐、酱油、胡椒、糖。最后放入日本特有的鲣鱼花，增加鲜味。

这道杂炒，其实是最下酒也最下饭的料理。豆腐是主角，它吸收了油脂，也吸收了蔬菜的清香。咸肉和鸡蛋解了人们对荤腥的馋意，蔬菜充当了极佳的配角，碗底那么一点略油的汤汁鲜美异常。这道菜最适合用筷子夹起来，不分“青红皂白”塞进嘴里，让油脂裹着新鲜蔬菜的汁液随着咀嚼爆开，迅速地就一口清爽的啤酒或者面前的米饭，这一刻便会成为忙碌一天以后最幸福的时刻。

还有一种岛豆腐料理叫“泥猛豆腐”（スクガラス豆腐）。泥猛是一种栖息于近海浅水湾或珊瑚礁的鱼，体形较小，俗名“臭肚鱼”，它的背鳍和臀鳍上长有会分泌毒液的鳍棘，要是不小心被扎上一下，虽然不至于有性命危险，但也会痛苦上好一阵子。泥猛曾经是一种不上台面的鱼，但是它的肉鲜美异常，尤其是幼鱼，没有成年泥猛的那种腥味，而且骨质软，最适合制作成料理。

精明的冲绳人对这种鱼情有独钟，他们捕捉食用的是孵化后仅仅一个月、体长3厘米的幼鱼。冲绳人将幼鱼用盐水洗净，然后加盐腌制，冷藏陈化。大约三个月以后，盐和鱼身中的蛋白质发生微妙的化学反应，鱼身慢慢由银色变成褐色。这个时候再放入泡着辣椒的冲绳泡盛酒，密封保存，就制作成了风味十足的腌渍泥猛。

这样的腌渍泥猛和岛豆腐的配伍成了冲绳人的最爱。泥猛带着大海的咸鲜和泡盛酒的醇香，在温度的催动下，慢慢渗入岛豆腐，而豆腐柔和的口感中和了腌渍物的猛烈味道。

在“吃豆腐”这件事情上，日本人和中国人有着同样的爱好，都愿意花时间，将大豆磨成豆浆，享受蛋白慢慢凝固的过程。心急吃不了热豆腐，也同样吃不了岛豆腐、花生豆腐、杏仁豆腐……但是，只要有耐心，慢慢寻找，好吃的豆腐会有的，一切都会有的。

五、泡盛不怕巷子深

岛豆腐其实还有一个独特变种，我们中国人把它叫作“腐乳”，而冲绳人把它叫作“豆腐糕”（ 豆

冲绳泡盛酒

兑咖啡、兑牛奶、兑苏打水、兑汽水、兑乌龙茶，甚至兑冲绳特产茉莉花茶，没想到你是这种“随便”的“花酒”。

腐よう）。要说冲绳的腐乳和中国的有什么不同，那就是它带有浓郁的酒味。这恐怕必须归功于冲绳的特产酒——泡盛。

豆腐糕据说是 18 世纪时从中国福建一带传入琉球王国的，而传播的媒介就是册封使。册封使将中国福建的红腐乳带到琉球宫廷，经过琉球宫廷御膳厨师的改良，红腐乳变成了一道宫廷料理。他们将冲绳特产岛豆腐切开后阴干，放入拌有红曲的泡盛酒中。经过四到五个月，在红曲的作用下，岛豆腐充分发酵，豆腐中的蛋白质分解，披上一层鲜亮的红色外套，豆腐糕就制作完成了。

看到豆腐糕的实物，就可以理解琉球王国为什么会把这个在我们看来平平无奇的料理制作方法列为王室秘方了。它的外形特别喜气，红色的豆腐块浸在红色的汤汁里，装在精致的小钵中。难怪琉球王国拿这个和泡盛酒一起敬神。而吃豆腐糕的时候，一定要慎重。在中国南方，有“一块腐乳能过一大碗粥”的说法，因为中国南方的腐乳，用的是盐。盐和泡盛起着相同的作用，就是防止红曲以外的杂菌胡乱繁殖，破坏腐乳的口感。当然，盐做的腐乳很咸，我们往往是用筷子小心翼翼地挑下一个角，放入口中，然后咕嘟咕嘟大口喝粥，用粥冲淡腐乳带来的强烈咸味。就一小块腐乳能喝完一大碗粥。但是冲绳的豆腐糕是另一种吃法。搁在豆腐糕旁边的餐具，是一根短短的竹签。吃豆腐糕时，用竹签轻轻挑出一点来放入嘴里，很快就能感觉到一股强劲的酒精味直冲鼻腔，然后酥软的豆腐伴着的一丝酒特有的苦味在舌尖蔓延开来。这个时候，米饭便是救命稻草。

问题来了：泡盛泡过的腐乳，为什么会有那么强大的威力?

泡盛，是一种蒸馏酒，这种酒在冲绳的历史不超过 600 年，中国的蒸馏酒也就那么长的历史。

很长一段时间里，中国人制酒用的是发酵法。也就是说，不论是“斗酒诗百篇”的李白，还是“饮酒辄草书”的张旭，带给他们创作灵感的，都是那种最多 20 度的发酵米酒。宋朝以前的人一般会把酿酒用的酒曲加上米和水，封装在坛子里，任由厌氧菌在里面自由发挥。大概一两个月后倒出来，不在乎酒优劣的俗人会直接咕嘟咕嘟喝下肚；讲究点的会在开坛前放入一些草木灰或者石炭，停止发酵，再滤去酒糟，得到略带绿色的酒液。白居易就曾经煮着这种小酒，写诗给朋友刘十九，说：

绿蚁新醅酒，红泥小火炉。
晚来天欲雪，能饮一杯无？

绿色的酒液，在小火炉上煮到咕嘟嘟直冒泡，酒面上浮起的未过滤干净的酒糟粒确实很像一群绿色的蚂蚁。这种酒甜甜的，似乎喝上一桶都不会醉。难怪李白、张旭他们毫不顾忌地欢饮达旦。实则，这种米酒，虽不至于让人一下躺倒，后劲也是挺大的。不信你看，李白被高力士带到宫里面对唐玄宗的时候，还是醉醺醺的样子，但是并没有完全不省人事。而武松，连喝了十几碗，还留着一膀子力气打死老虎。

人们开始用蒸馏的办法将酒进一步提纯，提高酒精含量，还得追溯到元代。蒙古人把疆域扩展到前所未有的广大，他们很可能从被征服的阿拉伯人那里学会了蒸馏酒技术，将之带回中国。在元明时期的笔记中，开始出现关于这种烈酒的记载。明代方以智的《物理小识》中说：“烧酒，元时始创，其法名阿尔奇。”

其他的大部分相关记载，也都将蒸馏酒的历史追溯到元代，所用名字也大同小异，“阿喇吉”“阿喇基”“哈喇基”，应该都是阿拉伯语“Araq”的音译。而考古发掘也佐证了这一点。在内蒙古博物院就藏有一件金代的蒸馏器。

蒸馏，从本质上说是利用酒精和水沸点不同的原理，把酒精从水里提取出来的过程。当人们发现酒精的沸点比水低20多摄氏度时，热爱酒精的人乐疯了。因为酿酒原料发酵到一定浓度时，酒精会把酵母杀死，从而无法继续发酵过程。所以发酵酒不会超过20度。不过只要把发酵酒加热到78摄氏度左右，就可以使酒精汽化出来，这就是用来勾兑出品味不一的高度酒的方法。当几乎全世界的人们都学会了这个方法以后，便开始乐此不疲地用稻米、大麦、玉米、龙舌兰、葡萄、马铃薯等原材料制作各式各样的高度酒，这才有了威士忌、龙舌兰、白兰地、朗姆、金酒、伏特加……可以说，要是没有蒸馏酒技术，《名侦探柯南》里的黑衣组织都没法编那么多代号。

泡盛也是这样一种酒。冲绳人最初用来做泡盛的原料是泰国香米，因为蒸馏酒的技法据说是14世纪后期到 15 世纪初叶经由暹罗（今泰国）传入琉球的。所以，琉球人一度也叫它“南蛮酒”（“南蛮”特指从南方来的人）。今天，本着（当）地产（当）地消（费）的原则，制作泡盛时也开始用当地产的稻米，而把稻米化成酒的，是十分适应琉球湿热气候的一种叫作黑曲的真菌，我们也可以将它称为“泡盛曲霉”。

在这种真菌的作用下，米和水慢慢发生微妙的化学反应，初步发酵后，将其放入蒸馏器，蒸馏出高纯度的酒精。一般的泡盛酒，酒精浓度为 30 度左右，而出口到日本本土的泡盛，酒精浓度会降低到 25 度左右。还有一些泡盛制作坊会制作超过 60 度的烈性泡盛，这种泡盛酒坛，只要掀开盖子就能闻到浓烈的酒精味，划一根火柴甚至能点燃它。人们把它叫作“花酒”。所以，冲绳人要是说“喝花酒”，可不是你认为的那个意思。

泡盛也是一种随着时间的推移会变得醇厚的酒，所以，窖藏三年以上的泡盛，被冲绳人称呼为“古酒”。而另一种储藏泡盛的方法，颇有点像西班牙人做雪莉酒的技法。

西班牙人发现，生物陈化可以改变葡萄酒的风味，让葡萄酒变得更加诱人。一般来说，一旦酒精达到一定浓度，酵母菌就无法存活，发酵的过程因此结束，这也是用发酵法不能获得高浓度酒的原因。但西班牙人发现，高浓度的酒精受到另一种酵母菌的喜爱，于是他们把白葡萄酒装到半满，让葡萄酒的表面自然形成一层酵母菌产生的“酒花”，然后加入强化的酒，使酒精浓度始终高于15度，以便这批喜欢高浓度酒精的酵母继续工作。在漫长的岁月里，酒会发生微妙的变化，孕育出不一样的风味。

基于以上发现，西班牙人发明了一种名叫Solera的酿酒方式，Solera在西班牙语中的意思是“在地上”。因为他们把强化的方式和酒桶的垒放方式结合起来，从最底层“接地气”的酒桶中取酒，再用上一层酒桶中的酒填满它，这样一来，通过层层累积的陈化系统，强化出最特殊的风味。

冲绳人酿造泡盛酒时也用类似的办法，他们把储藏时间最长的酒叫作“亲酒”，次长的称作“二番手”，接下去是“三番手” “四番手”……在举行重大的活动或者祭典的时候，冲绳人会把“亲酒”抬出来饮用，但一般不会把整坛酒喝完，而是留下一些，然后用“二番手”将酒坛灌满，而“二番手”会用“三番手”补充，以此类推。这种方法并不会让酒的风味改变，但可以防止酒腐化变质。因为在储藏条件不那么好的年代，储藏年限较长的泡盛，会因为酒精挥发而浓度降低，品质下降。及时补充新酒保证了陈酒能维持一定的酒精浓度。

那么，泡盛该怎么喝呢？如果你抱着一整瓶泡盛酒，像酒鬼一样，要一斤肥牛肉，倒一大碗，咕嘟咕嘟喝下去，绝对会被嘲笑的。冲绳人喝泡盛酒，自有套路。

首先，泡盛酒得兑着喝。没错！泡盛酒最流行的喝法就是像小品中制作“宫廷玉液酒”那样兑点水喝。把泡盛兑到 12 度左右，就成为冲绳人最喜欢的饮品了。在炎热的夏天，你还可以加点冰块，把杯子晃得叮当作响。

当然，冲绳人是不会满足于兑水这样的普通喝法的。在冲绳当地的全家超市里，可以买到一种“冲绳限定”的饮料——泡盛咖啡（泡盛コーヒー）。打开杯盖儿，狭小的房间里很快就会酒香弥漫，但是面前却是一杯黑漆漆的饮料。细嗅一下，会察觉酒香里混杂着那么一点咖啡的香味。这杯奇怪的饮料，入口首先尝到的是泡盛酒带来的微微辛辣感，然后才是咖啡独特的苦味，两种特别的味道交织在一起。究竟是提神还是醉人？这大概是世界上最自我矛盾的一款饮料。咖啡因和酒精在体内进行着激烈的战斗，究竟谁占上风，只有上头的那一刻才知道。如此看来，这款饮料应该叫“薛定谔的饮料”才是。

兑咖啡、兑牛奶、兑苏打水、兑汽水、兑乌龙茶，甚至兑冲绳特产茉莉花茶，只要你想得到的喝法，冲绳人都试过，这让泡盛成了一款看起来“挺随便”的酒。当然，用泡盛来浸泡岛豆腐，制作成豆腐糕是极好的。

最后一个问题：泡盛，为什么叫“泡盛”这个奇怪的名字呢？

日语的“泡盛”，读作“あわもり”（Awamori），但是琉球人一般把它叫作“サキ”（Sake），也就是“酒”。比较流行的说法是：在泡盛酒蒸馏的时候，滴落在器皿里的酒会泛起泡沫，所以叫作“泡盛”。而另一种说法是：以前制作泡盛酒的原料除了稻米以外，还有一点粟（あわ），所以叫作“粟酒”（粟もり），写作汉字就是“泡盛”。

泡盛很早就成为琉球的出口产品。在琉球王国时代，琉球王用这种烈酒结交朝鲜，上贡中国和萨摩藩。而在萨摩藩呈给德川将军家的礼单上，也有“泡盛”的名字。一杯泡盛，经过百年，芳香依旧，走在那霸的街头，随处可见巨大的泡盛酒广告牌，这才是真正的酒香不怕巷子深。

六、番薯香飘十三里

《颜氏家训》里有这样一个故事：某人读书，看到注解里有一句“蹲鸱，羊也”（其实应是“蹲鸱，芋也”）。过几天，有人送来羊肉，他要卖弄一下自己的学识，于是写了一封感谢信：“损惠蹲鸱”——“感谢您送来了芋头”。送羊肉的人接到信满脸问号：“明明送去的是羊肉，怎么人家收到了以后变成芋头了呢？”

这个故事被我的老师用来引证读书时选择版本的重要性。毕竟，羊肉和芋头还是得分清楚的，要是混淆了，那可是大笑话。但是，也有一些人，芋头、香芋、薯蓣、甘薯、马铃薯……傻傻分不清楚，这就不能怪书本印错了。

《颜氏家训》里写到的“蹲鸱”指的当然是芋头，俗称的“芋艿”“毛芋”，说的都是这类植物的不同品种，植物分类上为天南星科芋属。芋头是原产于中国的植物，也是中国人最早将它列入食谱的。之所以叫它“蹲鸱”，就是因为它圆头圆脑看起来好像一只鸟蹲在那里的样子。

至于我们经常吃的香芋雪糕里的那种香芋，可不是芋头，它和山药倒是有点亲戚关系，是薯蓣科薯蓣属的植物。它的正式名字叫参薯，经常会以香芋为名号出现在各种甜品里。而山药，就是我们所说的“薯蓣”。

甘薯又是另一种植物了，“地瓜”“红薯”“白薯”“番薯”指的都是它，它是旋花科番薯属的一种。虽然它也很像“蹲鸱”，但是《颜氏家训》里提到的“芋”绝对不可能是甘薯，因为在《颜氏家训》成书的南北朝时期，中国人还不知道甘薯这玩意儿呢！

而马铃薯，看着和甘薯有点像，却是茄科茄属，和番茄、茄子是近亲。就因为这个出身，它被欧洲人误会了好多年，毕竟，它的许多亲戚——颠茄、莨菪可都是有毒的，而马铃薯要是发了芽，也可以放倒一个成年人。马铃薯还有“土豆”“洋芋艿”“洋番薯”“山药蛋”这些别名。不过，不论是“番薯”还是“洋番薯”，都是漂洋过海来到中国的，不论是“土豆”还是“洋芋艿”，可都是有着外国血统的“进口种”。

说了那么多，我们来提一个有趣的问题：日本人口里的“萨摩芋”，究竟是上面的哪一种植物呢？

答案是：甘薯。

除了萨摩芋，日本人还把这种植物叫“唐芋”“琉球薯”，这些名字勾勒出了一条甘薯东传的道路——从中国到琉球，再到九州南部的萨摩。

甘薯和马铃薯一样，是南美作物。1492年哥伦布发现美洲以后，西班牙人和葡萄牙人将诸多原产美洲的作物带到了世界各地。16世纪时，西班牙人已经把甘薯带到了中国近邻菲律宾吕宋。明朝万历年间甘薯越洋进入中国东南沿海，而此过程还颇为传奇。徐光启的《农政全书》记载说：“传云近年有人在海外得此种，海外人亦禁不令出境，此人取薯藤绞入汲水绳中，遂得渡海，因此分种移植，略通闽广之境也。”也就是说，从吕宋带回甘薯的人是冒着风险的，是把甘薯的藤藏在汲水绳里偷偷带出来的。正因为它来自

“番地”，所以中国人也叫它“番薯”。甘薯很快在广东、福建沿海站稳了脚跟，因为这种作物优势太大了。

首先，甘薯不挑地，在贫瘠的土地上也能生长，而且有一定的固氮作用，能改善土地质量。其次，甘薯好繁殖，正如《农政全书》里说的，只需用一根藤扦插就能种植成活。最重要的是吃甘薯顶饿，大的能长到一斤重，一个甘薯就足以喂饱一个成年人。所以，在明朝引进这种作物以后，短时间内，它就和马铃薯一起，成为一种重要的救荒作物。

到清朝时期，东南沿海种植甘薯已经非常普遍，清代《钦定平定台湾纪略》里写道：“闽地民人向食番薯，其切片成干者一斤可抵数斤，加米煮粥即可度日。”所以康熙朝为平定台湾征集军粮，就是从福建当地采购番薯抵用，物美价廉。

福建是从中国前往琉球国航线的起点站，甘薯便顺理成章顺着航线抵达了琉球国。传说，大约在 1594 年，宫古岛人长真氏旨屋前往琉球王国首府首里城，却意外遇见风浪漂流到了中国福建——这在当时的琉球是再常见不过的事情。不过这位长真氏旨屋却做了一件有大功德的事情——三年后他从福建把甘薯苗带回了宫古岛，并因此被后世供奉为“番薯之神”。

但是，这个故事后来被许多学者所质疑，主要原因是时间线太奇怪了。因为根据文献的记载，番薯从吕宋传到中国福建也是在 1594 年前后，而这位意外漂流到福建的岛民竟然能如此巧合地得到珍贵的苗种，怎么看都是可能性极小的事情，所以我们不妨将它看作一个传说吧。

实际上，冲绳人将番薯的普及归功于一个叫仪间真常（1557—1644）的人，他是琉球王国治下仪间村的地头。在 1604 年左右，琉球国派往中国大明朝的朝贡船从福建归来，带回了甘薯的苗种，这位仪间真常用这棵苗种引种成功，并且在冲绳全岛推广种植方法。

仪间真常是冲绳农业史上的传奇式人物，冲绳人除了将甘薯引种技术归功于他以外，还认为他从萨摩成功引种了木棉，并且首创了黑糖的制法。从这几点看来，这位神奇的人物简直是无所不能的冲绳神农。所以，关于他引种甘薯的故事，我们也姑妄听之吧。

不管怎么样，至迟在 17 世纪上半叶，琉球王国已经开始种植甘薯，这对于一个贫瘠而又狭小的岛屿国家来说意义重大，因为它是一种能够养活全体岛民的作物。到 17 世纪末 18 世纪初，和琉球关系密切的萨摩藩开始引进甘薯。最初是在 1698 年，种子岛的领主接受琉球国王的赠品，在种子岛引种了甘薯。其后在 18 世纪初，萨摩藩又从种子岛引种了这种作物，功劳被归于一个名叫前田利右卫门的农民。到了江户幕府第八代将军德川吉宗统治时期（1716—1745），日本发生了大饥荒，一位叫青木昆阳的学者奉幕府之命进行调研，决定在全国范围内推广甘薯种植以救荒。从此这种以萨摩为起点普及日本全国的作物就以“萨摩芋”的名字为日本人所铭记了。

至于马铃薯，走的是和“萨摩芋”反向的路线。18 世纪末，俄罗斯人把这种既耐寒又顶饿的作物传入了北海道，成为阿伊努人的栽培作物。明治维新以后，日本在开发北海道时，为了吸引人口，特别着意于这种作物的培植和普及，再加上马铃薯在西洋料理中应用十分广泛，因此马铃薯很快随着“文明开化”的风气普及日本全国。

如果一个日本小学数学老师出题的话，不妨考虑这样写：马铃薯和甘薯在相距 3800 公里的日本国土相向而行……

在冲绳著名的“御菓子御殿”可以买到一种独特的当地特产——元祖红芋蛋挞（元祖紅いもタルト），这种号称“连续六年获得世界品质评鉴大赏金奖”（Monde Selection）的特产是冲绳最受欢迎的“手信礼”。黄色的蛋皮制作的船形“容器”里，红芋制成的芯呈现出华丽的紫色，如波浪一般卧着，把它放到微波炉里加热一下，会更加美味。这里的红芋天然带着一种诱人的香味，但是，有趣的是，它却用自己的名字在骗人。它名字里的“红芋”，指的不是芋头，也不是甘薯，更不是马铃薯，它的真面目其实是甜品专家——香芋，日本人也称之为“冲绳山芋”（オキナワヤマイモ）或者“红芋”（ベニイモ）。在冲绳，它也是一种广泛栽培的特色作物。

所以，如果你想自制这种红芋蛋挞，或者香芋冰淇淋的话，千万不要傻傻地用芋头鼓捣，哪怕是堪称极品的荔浦芋头也做不出这种独特的香草味道。真正发挥作用的就是“山药近亲”香芋，只有它能让甜品变得有趣起来。所以，在冲绳吃着红芋蛋挞的时候，可不要感谢手里的它养活了世界上不少人，毕竟，甘薯和马铃薯都会跳起来抗议的。

七、苦，防不胜防

没有到过冲绳的人，不会想象得到竟会有人对一种全身长满疙瘩的绿色长条状植物有如此执念。

世界上的人基本可以因为对某些食物的爱憎而被划分为两拨，比如：喜欢香菜的和讨厌香菜的；喜欢榴梿的和讨厌榴梿的；喜欢臭豆腐的和讨厌臭豆腐的。这些能让人们对立起来的食物几乎都有特殊的气味或者特殊的味道。其实，苦瓜也可以算一个。比如一个来自日本本土的游客可能怎么也想不明白，这种像爬山虎一样可以做外墙装饰的植物，怎么就被冲绳人当食物吃掉了呢？

在冲绳，苦瓜是一道让人防不胜防的菜，走进那霸的第一牧志公设市场，躲开琳琅满目的商店，绕过不时在你左右炫耀存在感的猫，在一条小巷，可以看到一个黄色底的醒目招牌，上面写着“花笠”两个红色的字和“食堂”两个黑色的字。“花笠食堂”，这是一家随时会跳入眼帘的冲绳名店，因为在任意一

冲绳苦瓜炒什锦

在冲绳，苦瓜这种蔬菜千变万化，叫人防不胜防，有时给人惊喜，有时带来惊吓。

家便利店，都能找到印着这四个字的大瓶饮料——明治的“花笠食堂”冰红茶。一大瓶只需要 108 日元，在物价高企的日本算得上是良心饮料，特别适合在炎热的夏季打开一瓶“吨吨吨”喝上几大口。花笠食堂是几位老婆婆一起开的富有家庭气息的店，菜单上大多是各种定食，容易让人挑花眼，不过偶尔也会尝试到有趣的套餐，比如这一道：ゴーヤー盛ソ合せ。

其实在日本旅行，即便是懂点日语的人，点菜都是一大难关，对着菜单上的片假名先读一遍，然后再仔细想一想，有时候会恍然大悟：“原来是这玩意儿！”有时却还是云里雾里，比如这一次，词汇量严重不足的我们就卡在面前这个词语上：ゴーヤー？ Goya？戈雅？那位画《裸体的玛哈》的西班牙画家？他会做菜？这是何物？

等到定食端上来，我们才知道，ゴーヤー原来是那道冲绳炒蔬菜（チャンプルー）里的主角之一：苦瓜。当苦瓜和鸡蛋、豆腐、豆芽聚在一起，过了油以后，苦味似乎已经被中和了。鸡蛋这个“老好人”出现在任何场合都很合适，它的嫩滑起到了调停各方的作用；豆腐的软和苦瓜、豆芽的脆形成鲜明的对比，实现了“以柔克刚”。蔬菜的清香味被激发出来，几口以后，即便是讨厌苦瓜的人，也卸下了本来有的心防，甚至忘却了口里正大嚼着那种“可怕”的食物。

这样看起来，苦瓜虽然防不胜防，但也算不上是无可救药的蔬菜。

其实，苦瓜在日语里标准的名字是“ツルレイシ”（Tsurureishi），而“ゴーヤー”或者“ゴーヤ”是冲绳当地的方言。这个名字简单粗暴直接，导致日本许多地方的人都抛弃了苦瓜那个拗口的正式名字，转而采用冲绳人的叫法。

苦瓜，是葫芦科植物，我们所吃的绿色的苦瓜，是苦瓜没有成熟时候的样子。而它的苦味，来自其体内一种名叫苦瓜素的生物碱。

一个常见的误解是，苦瓜的苦味来自苦瓜的芯，所以有些人在做苦瓜料理的时候，会费尽心思把苦瓜中间的籽挖得干干净净，结果，还是逃避不了被苦味狠狠教训的下场。其实，苦瓜是一种非常有“心机”的植物，它的苦味，也就是苦瓜素，是集中在表皮绿色部分的，当被馋嘴偷吃果实的动物啃到时，强烈的苦味就是一次严重警告：别惹我！这样一来包裹在中心的种子就会被妥善保护起来。而到了成熟的时候，苦瓜表皮会慢慢变成鲜艳的黄色，味道也变得甜蜜起来，呈现出果冻状，恰好能吸引“好色”的鸟类。鸟类尖锐的嘴能轻易地啄穿苦瓜表皮，吃掉已经成熟的种子，种子随着鸟飞到别的地方，被排泄出来生根发芽。

苦瓜会变甜这一点听起来很不可思议，但是想想，它还有个近亲叫癞葡萄，也就不难理解了。没错，就是那种黄黄红红，带着一大串甜甜的果实，但是和苦瓜一样表皮像蛤蟆皮肤的长条形植物。苦瓜设置重重“陷阱”其实也是适应自然，进化的结果。毕竟，苦瓜是为了在自然界生存，而并不是准备被人吃掉的。

但是，馋嘴的人类还是没有放过苦瓜，而且还是在它未成熟的时候向它挑战，看起来是自讨苦吃，不过也是为了获得点好处。据说苦的味道“寒凉”，所以吃苦瓜可以降火、降糖、清热，甚至抗癌。

其实从科学的角度看，至少现在的研究成果并没有表明苦瓜有那么多的功效。降糖有点困难（喜欢吃苦瓜的冲绳县民众，糖尿病发病率一度还是日本前两位），抗癌更是无稽之谈（苦瓜甚至可能影响抗癌药物的吸收）。但是在夏天，把喜欢湿热天气的苦瓜凉拌一下，做一道爽口的消暑菜，倒是不错的选择。毕竟已经被证明的是，苦瓜中的维生素C含量相对较高，甚至高于传说中的维C之王——柠檬。不过维生素C是一种十分娇气的营养物质，无论煎炒煮炸，都会让它流失，所以在不怕苦的情况下，凉拌生吃是最好的办法。

尽管害怕苦味的大有人在，但是也有人就是抵御不了这样的诱惑，越危险越好玩。不就是苦味嘛，不如就研究一下怎么样把它去掉吧。最简单的办法是焯水，高温会让苦瓜里娇弱的维生素C迅速损失一部分，但也带走了一些苦味。如果要效果好一点，最好先把苦瓜切成小片，增加苦瓜和水的接触面积，进一步去除苦味，但是代价就是营养的流失。

另一种办法是用油炒，冲绳人用苦瓜做炒蔬菜和天妇罗也是为了去苦味。不过油的高温超过沸腾的水，在油里不论是翻炒，还是煎炸，苦瓜中的维生素C都会流失。苦瓜和猪肉、鸡蛋等共同炒制，一方面能中和荤菜的油腻，另一方面能以油为中介，调和不同的味道。染上荤腥的苦瓜，进一步消除了苦味，吃到这道菜时，我们就能明白，荤素搭配不但是营养的本质需求，还是口味的本质需求。大自然创造人类，并且让我们进化到今天，可不是让我们光吃素的。这道菜炒制完成后，通常要在上面撒上一些鲣鱼花，这种看着像刨花的食物带来了独特的鲜味，进一步提升了口感的复杂度，也让苦瓜的苦更加内敛。

还有盐，也能把苦瓜的嚣张气焰给打压下去，用咸鲜味置换出苦味，破坏苦瓜的自我防御系统，让它变得不再让人讨厌。

当然，还有最简单粗暴的办法——把苦瓜最苦的那层绿皮刨下一层去。为了一口猎奇的食物，人类可是什么都做得出来的。

所以，在冲绳，万一遇见防不胜防的苦瓜，可不要凭直觉拒绝它。或许它混在一盘不起眼的炒蔬菜里偶尔被夹进了碗里，或许它是用天妇罗的面衣做伪装诱骗你去咬上一口，或许它堂堂正正出现在凉拌菜里等着“宠遇”。但是，不要害怕，大胆地吃一口，一定会有惊喜。

八、其实不太苦的茉莉香片

在日剧《傲骨贤妻》中，曾经的“日剧女王”常盘贵子饰演独立自信的女律师莲见杏子。暗恋杏子的多田律师（小泉孝太郎饰演）送给她一件礼物，是在冲绳出差时买的一对风狮爷里的一只。风狮爷被认为是能够给人带来好运和勇气的纪念品。

其实，走在那霸的街上，随处都可以看见风狮爷。国际通的路口，矗立着石头制作的风狮爷；路边的摊位上，摆放着神态各异的瓷制或布制的风狮爷；如果你抬头，会发现有些古民居顶上蹲踞着辟邪的风狮爷；T恤上面印着憨态可掬的风狮爷。这种富有中国特色的狮子好像成了冲绳的代言人，出现在和冲绳有关的每一样东西上。

狮子当然不会生活在冲绳这样的岛屿上，不要说冲绳了，就是整个日本，凡是狮子的形象都是外来的。古代日本人从来没有机会见识真正的狮子到底长什么样子，所以不可能独立创造狮子的形象。日本奈良正仓院有一把精美的紫檀金钿柄香炉，在炉面与炉柄的交界处立着一只威风凛凛的狮子，在炉柄末端，也有狮子吞环的造型。这种造型在当时的日本比较罕见。根据日本学者佐野真祥的考证，在当时的中国，这种尾端有狮子造型的香炉是从中亚地带传入的。德国探险家阿尔伯特·冯·勒柯克曾经在中亚地区发掘到2—3世纪的同形制的香炉。所以，几乎可以肯定，日本的狮子形象是顺着丝绸之路从西到东流传而入的。

而冲绳的风狮爷，也可以到海的对岸去寻找源头。在中国东南沿海的福建泉州，古老的开元寺旁，也能买到类似冲绳风狮爷的“手办”，两者几乎是一样的造型，显示出它们有着“血缘”关系。在福建的诸多老厝厝顶上，也神气活现地蹲着风狮爷，尽职尽责守护一方百姓。

这些狮子之所以叫风狮爷，似乎和当地的天气有关。福建沿海是台风多发地，所以狮子其实是当地居民用来镇风挡煞的吉祥物。而每年也有不少台风在福建沿海拐个弯儿北上，直扑冲绳，所以冲绳人也需要这样的狮子。这样看起来，海两边的风狮爷倒像是两个球手，将台风当成乒乓球一样你推我挡。

玩笑归玩笑，其实冲绳的风狮爷还真是从福建传过去的。明太祖朱元璋时期，琉球王国进贡，明太祖嘉奖其诚意，“赐闽中舟工三十六户”，让一批福建的船工家庭移居到琉球，传播中国文化，也承担起明琉交往中介的工作。福建的不少传统文化被带到了琉球，其中就包括风狮爷。

在冲绳，其实还能找到不少其他福建元素。那霸有一个独特的中国园林——福州园，乃是福州和那霸结成姐妹城市十周年之际，那霸当地邀请福州的园林工匠建造的，而今已经是那霸标志性的景点。而在冲绳随处可见的自动贩卖机里，还有一款与福建有着渊源的有趣的饮料。

自动贩卖机可能是日本战后普及的最伟大的发明。寒冬时节，走在街头，看到自动贩卖机，投入几个硬币，就能拿出一瓶带着温度的咖啡来温暖自己的胃。夏日炎炎时，在路上汗出如浆，自动贩卖机也会像救星一样突然出现在街角。而在冲绳，拯救你的是那一瓶黄色瓶身的饮料，上面写着“さんぴん茶”几个字。

さんぴん茶，读起来很像“丧病茶”，打开猛灌一口，就会发现果然茶如其名，“丧心病狂”地好喝。尤其是夏天的时候，把在自动贩卖机里冻得冰凉的茶汤一口灌下去，瞬间一股凉意从嘴里冲进胃里，整个人冷静下来，接着有一种熟悉的香味出现在齿颊之间，仔细一品，似乎是——茉莉花?

没错，其实さんぴん茶的真实名字并不是“丧病茶”，而是中文“香片茶”的音译。张爱玲写的那个《茉莉香片》，说的就是这种茶。

不过，张爱玲的那篇小说，给茉莉香片带来了不少的“负面”信息。不信你看，张爱玲写的第一句话是：“我给您沏的这一壶茉莉香片，也许是太苦了一点。我将要说给您听的一段香港传奇，恐怕也是一样的苦——香港是一个华美但是悲哀的城。”于是，接下来，读者在茶烟缭绕中听张爱玲讲述了一个极苦的故事。故事的主人公聂传庆因为家庭暴力的原因，有着病态的人格心理，陷入了对“理想父亲”这个角色的疯狂妄想，最终酿成了悲剧。这个可怕的故事创作于 1943 年，有着乱世特有的悲凉、残酷的感觉，带着一丝人性的冰冷，据说折射的是张爱玲自己的家庭。每一个读过这篇小说的人，都会对茉莉香片心存一丝恐惧：这是一种很苦很苦的东西吗？苦过聂传庆和言丹朱的悲剧吗?

但是，茉莉香片真的没有张爱玲说的那么苦，甚至还有那么一点回甘。最重要的是，当你喝过一次茉莉香片，会上瘾一样迷恋它独特的香气。人类本来就深深着迷于茉莉花的香味，在肥皂、香水、洗手液、护肤品的香型里，茉莉花香永远是最受欢迎、最大众化的一种，深深扎根于众多人的心里。茉莉香片入口的那一刻，其实它是苦是甜已经不重要了，重要的就是那环绕齿颊久久不散的香气。

一海之隔的福建，可是茉莉花茶的故乡，也是琉球册封使的始发地，从这点看，冲绳流行さんぴん茶的确是一件顺理成章的事。

不只是茉莉香片，冲绳特色的茶，都和福建有密不可分的关系。根据《球阳》的记载，在清代雍正年间，1731年，一个叫向秀美的琉球人前往中国福建，学会了种茶制茶的方法，带回到琉球，在西原间切棚原村种下了茶树。这是冲绳最早的关于茶叶种植的记录。但是，琉球国的茶叶种植业一直没有发展起来，因为这里是一个土地狭小的岛国，不可能投入大量资源种植茶叶这样的经济作物，何况琉球国还有蔗糖这样的拳头产品，所以冲绳出产的茶叶在周边市场的竞争中并不占据优势。但琉球人却极其喜欢喝茶，特别喜欢福建茶，大正十二年（1923），冲绳一地的茶叶自给率只有0.06%，每年都耗费80万日元从日本、中国的台湾和福建等地进口茶叶。直到1932年，冲绳制定了《茶叶奖励规定》，茶叶种植业才逐渐发展起来，茶田在战前的1937年一度发展到350多公顷。

而在战后，劫后余生的茶业种植业恢复缓慢。一度恢复到战前巅峰期的一半，不过由于冲绳人口味执着，特别喜欢一些进口茶，因此冲绳茶叶的栽种面积还是逐年下降。就风土而言，和福建沿海类似的冲绳其实特别适合种植红茶。除了茉莉香片以外，冲绳人对红茶也爱得深沉，在冲绳的大小超市里，最受欢迎的饮料就是花笠食堂的冰红茶。此外，冲绳人还对福建风味的半发酵茶情有独钟，那就是乌龙茶。闽北的乌龙茶是以大红袍为代表的武夷岩茶，而闽南地区的乌龙茶以铁观音为代表。冲绳人不但从福建、台湾进口茶叶，还孜孜不倦地研发着更多不同香型的茶。

记得有一次在北京，一位朋友问我："准备去雍和宫吗？"我惊奇地问："雍和宫？我去过好几次了！有什么特别的吗？"朋友笑笑："记得一定要去对面的吴裕泰茶庄打卡！"于是，我在瞻仰了那无比壮观的白檀香木雕弥勒佛像后，出门便一眼望见了老字号吴裕泰茶庄，买到了一支特色的茉莉花茶冰淇淋。从此，我每次到北京，都会特意跑到雍和宫去回味一下。朋友得意地说："怎么样，我的推荐没错吧？"

如果一个冲绳人来到北京，这扑面而来的茉莉花的香味，一定会让他想起家的感觉。

九、可盐可甜的冲绳

莎士比亚的悲剧中，《李尔王》大约是被改编和演绎最多的一个，著名导演黑泽明把这个故事改编成电影《乱》，1982年创作的著名越剧《五女拜寿》也借用了这个故事的元素。但是，一些童话故事书在演绎的时候，往往会使用《李尔王》取材的原版民间故事——《盐一样的爱》。

故事说：老国王询问三个女儿是否爱他，大女儿和二女儿分别表示就好像爱金子、银子一样爱父亲，老国王听了非常高兴。轮到三女儿的时候，三女儿说了一句出人意料的话："我爱你就好像爱盐一样。"老国王非常生气，一个至高无上的国王，怎么可以和

冲绳海盐金楚糕

这款外貌“平平无奇”的甜品，据说是侍奉三代琉球国王的厨师新垣淑规和他的子孙发明的。

盐这样卑微的东西相提并论呢？于是他把三女儿赶出了宫廷。多年以后，老国王落魄了，大女儿和二女儿都拒绝奉养他，他只好来到三女儿家。三女儿招待老国王的第一餐饭看起来精美无比，但是每一道菜都没有放盐。难以下咽的老国王赫然发现，原来被他视为卑微之物的盐是多么重要，也理解了三女儿当年那句话的真意。

盐，看起来不起眼，总是躲在透明的小瓶子里，静静地和糖、味精一起待在厨房的角落。但是当火焰点亮，油烟腾起，这种白色的小粉末却是出场频率最高的角色。在每一道菜即将亮相的时候，它会迅速出现，如忍者一样飞起，以“云隐之术”在菜盘中消失无踪。

盐，虽然不起眼，但是真的很重要。一个正常的成年人每天应摄入盐6—8克，多了不好，少了也不行。尽管它是一种简单的化合物——氯化钠，但是，肌肉和神经活动所需的钠离子基本都是来自食盐。如果想知道钠离子流失是什么感觉，那就回忆一下夏天大汗淋漓以后那种虚脱感和无力感。但是，钠摄入过多也会增加心血管疾病、肾病、中风的风险。人和盐的关系，有那么一种微妙的平衡，大自然追求的正是“恰到好处”。

在冲绳，随处都可以看到名叫“Blue Seal”的店，蓝色的招牌，门口摆放着一个硕大的冰淇淋。这家著名的冰淇淋店来自驻冲绳的美军基地。1948 年，美国的 Foremost 公司在冲绳的具志川市设立了一家分公司，为驻冲绳美军提供乳制品。在那个时候，冰淇淋还是冲绳一般民众难以企及的奢侈品，只有美军才有福享用。

1963 年，美军基地搬迁到了浦添市，Foremost 公司也跟随基地搬迁，冰淇淋开始走进一般民众的生活，尽管价格昂贵，但也吓不住食客。1976 年，这家公司获得了美国乳制品“蓝带奖”称号“Blue Seal”，于是就把这个名字加到了公司名字中。“Blue Seal”就这样几乎成了冲绳冰淇淋的代名词。第一次来到冲绳的人，走进这家店，面对长长的菜单，大多不会犯什么选择困难症，都会毫不犹豫地选择最热门的一种——Okinawa Salt Cookies，冲绳海盐曲奇，不，它正确的名字应该叫冲绳海盐金楚糕。

甜和咸，看起来似乎是一对冤家对头，但其实，吃了太咸的东西，用一点甜品就能消除不适感，而反过来，吃了太甜的东西，用一点咸的也可以略略平衡一下口里的腻味。可见，这两种风马牛不相及的口味混杂到一起，倒是可以达到一种微妙的平衡。冰淇淋本身带着浓郁的奶香味，撒上一点盐，却毫无违和感。盐的咸味能反衬出冰淇淋的甜味，也能中和甜味带来的油腻。盐的颗粒给冰淇淋增加了奇特的口感，在轻抿一口后，便可感受到冰淇淋的“晶莹剔透”。

盐，真的能提升舌头对甜味的敏感度。当味蕾上布满盐的时候，一点甜味就能让人愉悦起来。所以，精明的冲绳人将这海洋的馈赠放在冰淇淋上，提升冰淇淋的口感。这倒让我想起西藏的酥油茶，同样是甜和咸交错的口味。藏区的人们把羊奶提炼成酥油，在砖茶茶汤中加上一点盐和一勺酥油。酥油带着的奶香迅速和盐的咸味交融，化出独特的风味。在中国的大西南，从很久以前开始，人们就以茶、盐交换马匹。茶叶能分解脂肪，去除燥热，盐则是茶最好的伴侣。西南的居民食牛羊肉，喝酥油茶，全靠这条以肩扛马驮为主要运输方式的古老通道与世界互通有无。在进藏的铁路贯通以后，这又甜又咸的饮料，带着古老的记忆，去往更多更远的地方。

人们对盐的记忆，大约起源于“能舔的石头”。最早的人们，利用动物舔舐盐的习性，去寻找“盐舐石”（Saltlick），当发现从岩石和海水中都能提取到盐的时候，就开始了对自然的新一轮索取。人们利用隧道将水注入盐层，等盐层中的盐溶解在水里以后再抽出来。或者把海水导入棋盘一样的晒盐池里，小心翼翼地防止雨水的侵蚀，靠阳光来获取那宝贵的结晶体。

获得盐不易，因此盐成为人类社会中的硬通货。从西汉桑弘羊提出盐铁专营之策开始，两千多年来，盐都是由国家机器垄断的特殊产品。清代，为了能从盐运使衙门获得一张盐引，盐商不惜投入巨资，但是一旦盐引到手，获利也是百倍千倍，两淮一带的盐商个个富可敌国。对于当时的许多人来说，盐这种平平无奇的结晶体，似乎有着魔力，殊不知背后掩藏着的是无数盐农面朝盐田背朝天耕耘付出的血汗。

在一海之隔的日本，盐更被认为是一种神奇的粉末。在日本的国术——相扑开始的时候，大力士会抓上一把盐，向着相扑场地中挥洒。这个举动被认为具有祓除不祥的意味。在日本传统的神道信仰中，有着“凶秽忌避”的观念。传说伊邪那岐命在海水中清洗除秽，生成了天照大神、月读命神、须佐之男神，是为统治世界的三神。这一神话代表了日本古老的“净秽”观，其后逐渐形成“避秽”的习俗。盐被认为是除秽的用品，神社的供桌上一般都会供奉一碗盐。在没有牙膏的古代，人们清洁牙齿用的也是盐，处理伤口也会用到盐水，盐等于清洁这个概念想必早就深入人心了。

可以说盐是世界上绝大多数人少不了的一种东西。除了调味，人们还用盐保存食物，防止腐败，如果没有盐，恐怕中世纪的欧洲贵族都难以熬过万物萧条的冬季。大西洋东岸的人们曾经将捕捞的鳕鱼用盐腌制后，运到加勒比海，供给那边的棉花种植园和甘蔗种植园，换回糖和棉花。用咸的换甜的，人类的欲望在这跨洋的交易中表露无遗。

追求甜，正是人类的极致欲望之一。特别是脑力劳动者，在一轮殚精竭虑后，会变得无比期待甜品。因为糖是一种可以直接补充能量的东西，人在补充了能量以后，会自然地感到满足，从而使大脑分泌多巴胺，让人获得愉悦感。

东亚大陆和北美大陆的一个相同点，就是在大陆东侧的海上，都有一个“又甜又苦的岛屿”。

加勒比海的古巴，以产糖闻名。历史上古巴是著名的“三角贸易”目的地之一，欧洲殖民者将非洲的黑人奴隶载运到这里的种植园，生产蔗糖，再将蔗糖运送回欧洲。在闷热密闭的贩奴船上，黑奴的死亡率惊人地高。进入种植园后，奴隶们要在烈日下砍伐甘蔗，在磨坊里压榨，并把甘蔗汁倒入滚烫的锅里煮沸，糟糕的劳动环境和热带传染病又会杀死一大批人。所以每一粒产自古巴的糖上都沾染着血色。古巴因此被称为“又甜又苦的岛屿”。

而在亚洲大陆的东侧，冲绳岛同样以产糖闻名。在冲绳，如果点一份具有中国特色的年糕，搭配它的一定是一碟褐色的糖，冲绳人叫它“黑糖”。烤得滚热的年糕，蘸上那么一点黑糖，入口时，软糯的年糕带着热气，烘出了黑糖独特的焦香味，一瞬间你就会明白为什么冲绳人不用白砂糖做佐料。和黑糖特殊的味道相比，只剩下甜味的白砂糖未免太平淡了，只有有着浓郁焦香味的黑糖，才能赋予食物独特的个性。

黑糖，和红糖一样，都是没有经过精炼的含蜜糖。冲绳人制作黑糖一般只有简单的四步：刈取—压榨—

浓缩—冷却。将甘蔗砍下来，压榨出带有糖分的汁液，通过煮沸的方式使其浓缩，然后不经加工直接冷却就获得了黑糖。而制作我们日常用的白砂糖时会在浓缩过程中将糖蜜分离出来，去除杂质，最终获得洁白的“分蜜糖”。因为没有糖蜜分离的加工步骤，所以黑糖保留了糖蜜中的诸多微量元素，如铁、锌、钙等，被认为是对人体有益的健康食品。

和当年的古巴蔗糖一样，冲绳产蔗糖也带有一种“原罪”。特别是岛津入侵以后，为了用琉球的经济收益补贴藩财政的不足，便胁迫奄美诸岛种植单一作物——甘蔗，通过垄断糖的专卖权牟取利益。琉球民众以牺牲耕地为代价，从事种植业，还要遭受琉球王国和萨摩藩的双重剥削，度过了苦难的几个世纪。从这点看，那时候的奄美诸岛被叫作“又甜又苦的岛屿”也毫不夸张。

时过境迁，今天的冲绳人已能尽情享受糖带来的乐趣。在冲绳有一种卡路里爆表的特色食物，称为“サーターアンダーギー”（Sata andagi），这个名词由三部分组成：“サーター”，意思就是“砂糖”；“アンダ”，意思是“油”；而“（ア）ギ”，意思是“炸”。

油炸糖，听到名字就会让减肥人士退避三舍，闻之色变。日本本土简单地把它叫作“砂糖天妇罗”，而在这种食物的起源地中国，人们把它叫作“开口笑”“炸蛋球”“沙翁”等。它的原料有糯米粉、糖、鸡蛋，加水混合后被制作成球状，在接触到滚烫的油后，球会在喜庆的噼里啪啦声中慢慢膨胀，表面泛出漂亮的金色。咬开一个，表面松脆，内里酥软，还带着不少美丽的气孔。就是这种简单而原始的甜品，是许多孩子童年时忘不了的味道，也是减肥人士的噩梦。

不过，最有名的冲绳甜品，还是金楚糕（ちんすこう）。这是一种特别像曲奇饼干的小甜点，它很可能是琉球王国的御用厨师综合中日两国的料理方法创造出的。在琉球王国时期，从福建来的册封使给冲绳带来了不少中国南方的食物，而在接待萨摩藩派驻琉球的奉行时，御用厨师们也学到了不少和果子的做法，他们将两者结合起来，创制出了富有琉球特色的甜品。

据说金楚糕是侍奉三代琉球国王的厨师新垣淑规和他的子孙发明的。在琉球国变成冲绳县以后，明治时代的1908年，新垣家族开设了一家甜品店，名叫“新垣果子店”，制作出售这种入口即化的美妙甜品。传承到战后，驻扎冲绳的美军喜欢上了这种极像曲奇的小甜点，所以，新垣果子店将之改良并规模化生产，让它成了冲绳标志性的甜品。

一眼倾情，喜欢已满溢，见到金楚糕的人一定会喜欢上它。虽然它外表平平无奇，但是咬上一口，那种随着唾液逐渐满溢的焦糖甜味令人难以忘怀，足以让它成为许多人心目中的“专属曲奇”。它有时候会出现在一顿大餐以后，成为冲绳人赠送给顾客的一点惊喜；有时候会插在冰淇淋上，成为大快朵颐前的绝妙点缀。

不过对嗜好“喝一杯”的冲绳人来说，黑糖最大的作用并不是用来吃的，而是用来喝的。

用糖做酒，本来就不是什么新鲜事，有着悠久的历史。自从人类发现甘蔗有糖分以来，就致力于将之带到世界各地。甘蔗很可能源自太平洋的某个岛屿上，它有种特性，只要把一段带有一个完整节的茎埋在土里，就能长出新的甘蔗来。如此“随遇而安”的个性，让甘蔗轻松漂洋过海，在亚洲、美洲、非洲到处落地生根。在加勒比海岸上的甘蔗种植园中，人们用生产糖的一种副产品——糖蜜来制作一款有名的酒——朗姆酒。

前面我们说过，要得到纯白的蔗糖，在加工过程中要提纯和结晶，提取出蔗糖后，会剩下一种味道浓郁的糖浆——糖蜜。把这种副产品和水、酵母混合在一起发酵，然后蒸馏，就能获得朗姆酒。如果将朗姆酒放到木桶里，它就会和木桶互相作用，在天气炎热的加勒比海，只需几年时间，一桶味道醇厚的陈化朗姆酒便酿成了。

这种酒，不但广受种植园工人的欢迎，也是航海时代水手们的必备品。在茫茫大海上，无数孤独无聊的水手得靠这种不容易变质的“快乐水”支撑精神，任何不按时分发朗姆酒或者在酒里掺水的行为都可能引发一场海上暴动。英国海军分发朗姆酒的习惯甚至延续到 1970 年，在此前，海上几乎所有的船都有着酒驾的前科。

不过，冲绳人用糖做酒的方法有点不一样，他们用的并非糖蜜，而是黑糖溶液。他们先把米和酿酒的酒曲混合进行一次发酵，大约一周后，加入黑糖溶液，利用酵母，让黑糖溶液和米酒进行二次发酵，把发酵后获得的 14—16 度的酒液蒸馏，便是著名的奄美黑糖烧酎。大多数黑糖烧酎不会像朗姆酒那样放在木桶里熟成，而是装在玻璃瓶或瓷瓶里出售。

在江户时代，萨摩藩一度禁止制作这种独特的酒，因为萨摩藩视琉球国的黑糖为摇钱树，绝对不允许百姓用它制作烈酒。但是好酒的琉球人一直在私下里偷偷制作，手法也不断改进。到了明治时代，奄美群岛几乎家家户户都在酿造这种酒，这个习惯一直延续到了战后。现今黑糖烧酎已成为和泡盛齐名的两大名酒之一。

精明的莎士比亚没有把盐的故事完全照搬到《李尔王》里，而是换了一个切入点，从父亲的角度改造了这个灰姑娘式的老故事，将它演绎为一出经典悲剧。缺少了盐的故事依旧精彩，缺少了盐的生活却无法延续；缺少了糖的酒可能还是酒，缺少了糖的生活却平淡无味。

十、不在墨西哥的墨西哥饭

《孤独的美食家》的主角井之头五郎，在名古屋出差途中，接受当地人推荐走进了一家台湾拉面店，点了一碗中辣度的台湾拉面，吃得满头大汗。

这碗名叫台湾拉面的食物让人觉得有点奇怪——台湾人可不是以吃辣出名的，何以会把拉面做成鲜红热辣的样子，让不能吃辣的人有“菊花残，满地伤”的恐惧?

其实，在料理界，名字骗人的事例并不鲜见，鱼香肉丝里真的没有鱼，夫妻肺片里当然不可能有夫妻，台湾拉面也不是产于台湾。至少在台湾，这种拉面被叫作“名古屋拉面”。

台湾拉面的历史可追溯至20世纪70年代，在名古屋开店的台南人郭明优因为喜欢吃辣，所以制作了一种源自四川担担面的员工餐。川菜的辣举世闻名，郭明优制作的这碗面也和川菜一样鲜亮油辣，他又根据自己的口味加了辣椒和大蒜。吃过这道面的亲朋好友都劝说他正式挂牌出售。之所以给它取名叫“台湾拉面”，那是因为郭明优是台湾人，而这碗面的鼻祖是四川担担面在台湾的变种——台南担仔面。不过，当这款面逆向来到台湾的时候，台湾人肯定不认这个名字，就正其名为“名古屋拉面”了。

在日本，有许多这样的美食，比如西餐店出售的那不勒斯意面，可不是意大利那不勒斯的特产，而是一款根据日本人口味，由意面改良而成的和式西餐，所以它的正式名字应该是“和风那不勒斯意面”。冲绳也有那么一款料理，那就是在墨西哥绝对找不到的墨西哥饭。

墨西哥饭，正式的名字叫“塔可饭”（Taco Rice，タコライス），从年龄说，这款料理是妥妥的“80后”，它是1984年才出现在世人面前的。

“塔可”（Taco）是有着纯正墨西哥血统的菜，在西班牙人到达新大陆前，它可能就已经在墨西哥流行了。墨西哥是玉米的故乡，玉米在中美洲曾经被当作神灵一样崇拜。在大英博物馆藏有一座制作于公元715年的玉米神像，是生活在今天洪都拉斯境内的古代美洲人崇敬玉米神的实证，它曾经和类似的神像一起被供奉在洪都拉斯西边的科潘阶梯形金字塔神庙中。对于古代中美洲的人们来说，玉米具有神一般的力量，它越收割，生长得越好，是作物贫乏的中美洲能量最稳定的碳水化合物来源，就如神灵一样生生不息。对玉米的神性如此崇敬和信仰的，除了古代美洲人以外，还有赫鲁晓夫。

今天的我们，仍在不断探究人类到底是什么时候、怎么样把自然状态下的玉米驯化杂交得又大又甜的，当时人类使用的野生玉米种（Zea）又是哪一种。在墨西哥中东部的特瓦坎流域，考古学者们发现了不少排列整齐的玉米棒子，距今大约 5500 年。而近年来的研究则继续将玉米出现的时间向前推进，并且将玉米进化的中心地带移向墨西哥南部，认为人类可能在 9000 年前就已经在那一区域实现了玉米的驯化。随着中美洲的奥尔梅克和玛雅文明的进一步发展，玉米逐渐地向南北两个方向普及，进而几乎遍布整个新大陆。

1492 年哥伦布到达美洲的时候，他接受了美洲人对玉米的称呼——“mahiz”，因而今天英语中玉米就叫作“Maize”。而在美国、加拿大、澳洲这些地区，玉米又被叫作“Corn”，这个单词其实是谷物的统称。不过对于有些地区来说，玉米就是最重要的谷物。

当西班牙殖民者来到美洲的时候，他们震惊于美洲人种植的规模——沿着山坡规划整齐的玉米田中长满了挺拔粗壮的玉米植株，在作物之间的空地上种植着南瓜，还有豆类攀爬在玉米秆上。美洲人没有大型牲畜，不用马、牛，玉米、南瓜等作物是他们的生命源泉。他们食用玉米的方法之一就是烤制，把整个玉米棒子烤到焦香，一口下去满嘴的甜汁，西班牙人看到这都馋哭了。但是，美洲人发现这种烤玉米吃多了也腻味，他们发现最合适的食用法还是得把玉米磨成粉，制作成玉米粥，或者烙成扁平硬实的玉米饼，实现玉米食品的多样化。

西班牙殖民者贝尔纳尔·迪亚斯·德尔·卡斯蒂略（Bernal Díaz del Castillo，1496—1584）用笔记录下了墨西哥人用玉米饼包裹着鱼食用的饮食方式（鱼其实对美洲人也有着重要的意义，他们甚至会在种植玉米的时候，在土里埋藏一条鱼，用这种神圣的仪式来祈祷丰收）。好客的美洲人给予登上新大陆的欧洲人神圣的玉米，并且教给了他们种植方法，虽然最后欧洲人以怨报德，但玉米却开始向世界进发。而欧洲人带来的小麦种子，也丰富了美洲大陆的餐桌。

不知道从什么时候开始，西班牙殖民者发现的那种用玉米饼包裹其他食物食用的料理被称为“塔可”。有人认为，这个词语可能来自美洲阿兹特克语系中的纳尔特瓦语，这门古老的语言还为英语奉献了“Chocolate”（巧克力）、“Tomato”（番茄）、“Chili”（辣椒）、“Avocado”（牛油果）等一大批和食物有关的词。

这种传统的玉米料理在美国建国后很快成为美国南部一种广受欢迎的食物。塔可饼也不再只用玉米制作，从欧洲来的小麦已在美洲大陆生根发芽，为饼提供了新的原材料。夹在饼里的东西也不局限于鱼，蔬菜、奶酪、沙拉酱、烤肉，越来越多的馅料丰富了塔可饼的味道。这种食物的便携性，也正好适应经济高速发展时期人的速食需求。

美国人进一步对塔可饼进行改良，做成了“硬皮塔可饼”，广泛流行于美国南部的得克萨斯州和加利福尼亚州部分地区。崇尚机械化的美国人还发明了一种设备，能够用油炸的方法把软的玉米饼做成固定的U形并且大批量生产。很快，类似的快餐店在美国开设起来，每个快餐店都有一个手脚麻利的伙计，拿着一个U形硬质玉米饼，飞快地往中间填上调味的碎牛肉、奶酪条、生菜、番茄、牛油果、洋葱等馅料，然后挤上墨西哥经典的莎莎酱（一种用辣椒和番茄等制作的酱料，墨西哥菜常见的蘸料）或者沙拉酱。赶路的人接过来就是一大口，首先感受到的是U形玉米饼“喀拉喀拉”碎裂的声音，然后是生菜“嘎吱嘎吱”

撕扯的声音，酱料随着生菜的汁液在口侧喷发出来，各种馅料，冷的、热的、甜的、咸的、软的、硬的，混杂在一起，在口中迸发。对于忙碌的美国人来说，这种速成的食物，能以最快的速度让一个即将投入工作的人获得最大的饱腹感。玉米饼这样的碳水化合物充实胃，而多种荤素搭配的馅料提供人必需的各种营养和维持状态的卡路里。

这种广受欢迎的速食食品也跟着驻日美军来到了冲绳。今天，在冲绳的北谷町，还保留着一个美国村，摩天轮、涂鸦墙、海滩、卖热狗的小贩、星巴克、老式电影院，完全是一种异国情调。在当时，驻扎在这里的美军就是喝着咖啡，坐着吉普，嚼着塔可饼招摇过市的。

冲绳人很快发现了塔可饼商机。当然，嗜好米饭的日本人是绝对不会改变自己的爱好转而去吃玉米饼的，小麦饼也不行！

1984年，在冲绳岛中部的金武町，名为“パーラー千里”的饭店老板仪保松三发明了一种新菜。金武町位于驻日美军海军陆战队汉森基地（Camp Hansen）旁，时不时有无所事事的美军海军陆战队员来闲逛，给周边的饮食店带来了商机。仪保松三丢弃了塔可饼的饼皮，将饼内的馅料——牛肉碎、奶酪、番茄、生菜、洋葱直接摆在热腾腾的米饭上，浇上番茄酱或者 salsa 酱调味。简单改变后的新菜式，让美国大兵如同见到了新大陆。这道料理，就被称为“墨西哥饭”，是和墨西哥没有一毛钱关系的墨西哥饭。

其实，要制作一碗好吃的墨西哥饭非常容易，普通人家都能在几分钟内端出一碗新鲜的墨西哥饭来。准备牛肉碎、洋葱、生菜、番茄，在超市里就能买到制作墨西哥菜的酱料，也可以用番茄酱加上辣酱油代替。洋葱切开，生菜切碎，番茄切四等份备用，锅中倒入少许油，将碎肉和洋葱一起炒香，加入盐、胡椒粉调味，最后将炒好的肉馅和生菜、番茄一起放置到煮好的米饭上即可。

这种盖饭，深得日本传统料理“丼”物的精髓。丼物这种米饭和配菜放置在同一个碗里的料理，和传统日本料理中饭菜分开的吃法格格不入，却深受需要“赶时间”“求便利”的人的喜爱，被认为是日本料理中的速食。而塔可饼则是美国式速食。由塔可饼改良成的墨西哥饭，和丼物的区别只是没有放在一个深口大腹的碗里，而是如同日式咖喱饭一样，堆在平底盘子里，让人在视觉上先获得满满的幸福感。这道料理诞生以后，很快被日本的许多速食店所效仿。在全世界各地不安于认真“做鸡”、喜欢“入乡随俗”的肯德基马上在1996年鼓捣出一款冲绳限定的墨西哥饭，日本本土的速食名店吉野家也不甘落后，立刻跟进，并且把它卖到了东京。

一碗墨西哥饭既不起眼，也并不复杂，但是里面却融合了冲绳人的苦与痛，融合了冲绳人包容万方、随遇而安的精神和风貌。

下篇

雪与花的国度

黑田清隆怎么也想不到，他会被派到日本最靠北的一个行政区域。你说一个来自日本最南边的萨摩人，怎么就到了北海道呢?

到了北海道的黑田清隆，做了三件事。第一件事是移民垦殖，到明治三年（1870），北海道人口已达到 10 万。第二件事是雇佣外援，他请美国人卡普伦（Horace Capron，1804—1885）做顾问，建设札幌为北海道首府。开办札幌农学校，请美国人克拉克担任教师。第三件事就是把北海道的官产便宜卖了，因此引发了明治政治史上著名的“北海道开拓使官有物拂下事件”。到明治十五年（1882），北海道开拓使的历史使命结束。

做了一点微小的工作的黑田清隆是今天北海道的奠基人之一，他的开拓使生涯虽然有污点，却为日本接下来在北海道的统治打下了基础。

北海道是日本的地方行政区划一都一道二府四十三县中唯一的一个道，也是日本开发最晚的一个地方行政区域。在奈良时代和平安时代，北海道生活的居民和日本本州东北地区生活的居民被统称为“虾夷人”。实际上，北海道的“虾夷人”和本州东北部的“虾夷人”很可能有着一定程度的不同，但是当时的日本中央政权并不十分了解这些生活在蛮荒之地的人群，甚至对之抱以敌视和征服的态度。

到了幕府时代，北海道被称呼为“虾夷地”，这片冬季白雪皑皑的土地依然被人视为“畏途”，但是，已经有相当一批本州居民开始向北海道迁徙，还和北海道原住民阿伊努人发生了冲突。在江户时代，松前氏获得了和阿伊努人贸易的垄断权，其统治的松前藩拥有类似中国历史上的都护府和榷场的权力。

庆长九年（1604），德川家康颁发给松前藩藩主松前庆广一份“黑印状”，认可他的虾夷贸易独占权。松前藩在江户幕府体系下，一开始是“零石高”的一个藩，也就是说，因为北海道不像日本别的地方的藩那样有农耕稻作，因此没有稻米收成。松前藩就成为一个特殊的，以商业、林业、渔业等产业为支柱的藩，同时还肩负逐渐拓展在北海道领地的重任。

在整个江户幕府统治时期，松前藩和北海道原住民阿伊努人发生了“宽文虾夷蜂起”（1669）和“宽政虾夷蜂起”（1789）两次大规模的冲突，而冲突的结果是松前藩逐步蚕食了阿伊努人的生存空间，进一步帮助幕府完成了对北海道的控制。

然则，在近代全球化的浪潮中，北海道逐渐无法独善其身。文化元年（1804），俄国人烈扎诺夫（Nikolai Petrovich Rezanov，1764—1807）奉命前来日本长崎，要求通商，日本幕府告知其锁国的政策，拒绝了他的通商要求。烈扎诺夫却并非“好说话”的人，他立刻指示手下人以劫掠和骚扰的方式进行武力威胁。在其后的两年里，俄国人不断骚扰日本北方诸岛，到北海道地区掠夺人口，烧毁房屋，抢劫财产，日本称之为“文化露寇”（日本称呼俄国为“露西亚”）。

为应对这一状况，幕府加强了对北海道的管制，派出间宫林藏、伊能忠敬等探险家，对北海道、库页岛、千岛群岛等地进行了详细的勘察。在享和二年（1802）到文化四年（1807），幕府还专门设立了箱馆奉行（初称“虾夷奉行”），具体处理北海道的防务。好在，俄国人的注意力很快被欧洲的拿破仑战争吸引过去，对北海道的骚扰并没有持续多久。

而在嘉永六年（1853）六月，在江户湾的门户浦贺港外的海面上，出现了四艘艨艟巨舰，以黑洞洞的炮口对准了海岸。这一事件是日本历史上著名的“黑船来航”，美国太平洋舰队的马休·佩里（Matthew Calbraith Perry，1794—1858）试图打开日本国门。二百多年的锁国体系一朝被打破，外来势力蜂拥而入。嘉永七年三月三日（1854年3月31日），佩里在神奈川的横滨（今横滨市）上陆，与幕府方签订了《日美和亲条约》（《神奈川条约》）。条约规定开放北海道的箱馆（今函馆）作为通商口岸，其后在安政五年（1858）一月，《日美通商条约》再度确认了开放箱馆。北海道因此成为日本近代最早对外开放的地区。

为了更好地管理北海道的对外交涉事务和防务，幕府在安政三年（1856）再度设立箱馆奉行。元治元年（1864），箱馆奉行入驻今天函馆的五稜郭办公，这个日本罕见的西洋式堡垒成为北海道开放的标志。

明治元年十月二十一日（1868 年 12 月 4 日），北海道的命运再度改变。这一天，由榎本武扬舰队所运输的旧幕府军残余势力约 3000 人在北海道登陆，他们决定在这里建立一个根据地，继续和新成立的明治政府对抗。明治元年十二月十五日（1869 年 1 月 27 日），占领了北海道的旧幕府军举行士官以上的投票选举。在 800 多张选票中，前幕府海军副总裁榎本武扬以 156 张选票获得第一，当选为总裁。日本历史上独一无二的一个共和国——虾夷共和国诞生在北海道的土地上。

但是这个政权存在的时间没超过半年，它诞生的背景是戊辰倒幕战争，在这场战争中，日本面临着一场转折性的变革。从 17 世纪初开始统治日本 264 年的江户幕府土崩瓦解，自 1192 年源赖朝建立镰仓幕府开始延续了 675 年的武家政治被钉上了棺材板。虾夷共和国，不过就是武士政权最后的垂死挣扎，他们在北海道的土地上陆续上演了“开阳丸沉没”“奇袭宫古湾”“江差战役”“箱馆战役”等一幕幕悲喜剧。明治二年五月十七日（1869 年 6 月 26 日），榎本武扬等人向新政府军无条件投降，新政府军进入五稜郭，戊辰战争宣告结束。明治新政府完成了对全国的统一，开启了明治维新的新时代。

明治二年（1869）七月，明治政府在北海道设立了开拓使，负责北方开发事务，并任命锅岛直政为首任开拓长官。锅岛直政并未赴任，九月，第二任开拓长官东久世通禧到北海道箱馆就职。明治四年（1871），日本全国推行废藩置县，松前藩（明治初期称“馆藩”）被废止，北海道开拓使在这年移驻札幌。第二年，北海道全境全部归属开拓使管辖。

如前所述，在北海道开拓事务上做出开创性贡献的是当时担任开拓次官的黑田清隆。黑田清隆在明治七年（1874）8月接任开拓长官，他利用自己的出洋经历，聘请了众多的外国专家为顾问，在北海道一地大力发展矿业、渔业、种植业、交通运输业等各项基础性产业，并引入奥羽士族屯田垦殖，北海道的繁荣初露雏形。

到明治十四年（1881），从明治四年（1871）开始主政北海道的黑田清隆任期已满十年。当时，明治政府正面临严重的财政危机。主持明治政府财政事务的松方正义认为，政府的财政摊子铺得太大，应该以削减开支、压缩预算来解决财政问题。因此，明治政府倾向于废除北海道开拓使并将其投资的产业出售。

明治十三年（1880）十月，萨摩的商人五代友厚在政府支持下成立了关西贸易会社，政府内的萨摩派说服黑田清隆同意废止开拓使，将官产出售给民间。黑田清隆和五代友厚达成了协议，由萨摩主导将开拓使投资1400万日元的产业以38万日元的价格卖给民间，分30年付款，不计利息。明治十四年（1881）七月，《东京·横滨每日新闻》和《邮便报知新闻》揭露了官产出售一事，这个消息传开以后，朝野上下哗然。在野人士纷纷抨击政府贱卖官产，因此引发了明治政府内部的一场大分裂。

无论如何，十年的北海道开拓使历史，为北海道的发展积累了原始资本，低价出售的官产成为北海道发展的重要基石。明治十九年（1886），日本设立了管辖整个北海道的北海道厅。此前，日本一度尝试在北海道设立县，实现北海道和本土行政区划的一致性。但设立的札幌县、根室县和函馆县三县地广人稀，因此随后日本就取消了三县设置，而单独设立北海道厅管辖全境。

北海道的进一步繁荣是在战后。1950年，日本在内阁设立了北海道开发厅，在北海道当地设立了北海道开发局，大批战后的复员人员和因开发煤矿而迁移到北海道的煤炭工人成为充实北海道人口的生力军。煤矿开发成为北海道的一大支柱产业。

1972年，北海道的札幌市举办了亚洲第一次冬季奥运会，如1964年的东京夏季奥运会一样，冬奥会的成功举办给北海道这片冰雪之地带来了契机。基础设施建设的兴起和奥运会宣传效应的推动，使得北海道进一步成为世人关注的焦点。

今天的北海道，春季有迟开的北国樱花，夏季有浪漫的紫色薰衣草，秋季有满山的动人红叶，冬季有纯白的冰雪世界，是日本的粮仓和牧场，也是许多人向往的旅游目的地。北海道，这是一片雪与花的国度，也是一片满是美食的味之国。

一、札幌的味噌拉面

从北海道的门户——新千岁机场，到北海道的中心——札幌站，不过半个小时的时间。当到达摩肩接踵的札幌站时，飞行以后的肠胃一定迫切需要食物的温暖，所幸的是，在札幌站，很容易就能找到一种温暖的食物——拉面。就在站前的ESTA百货，电梯直上十楼，可以到达一个叫“拉面共和国”的神奇区域，这里集中了札幌白桦山庄、旭川梅光轩等一批北海道知名的拉面馆。这里每年甚至还会举办一次别开生面的拉面王竞赛，选出共和国里最好吃的拉面。大约只有日本才会存在这种具有“二次元”风格的美食街吧。

在札幌，吃拉面虽不难，但是要找到真正好吃的拉面，却得花那么一点心思，仔细尝，用心选。1972年，冬奥会期间，札幌市利用冬奥会带来的基础设施建设契机，建设了北海道第一条也是唯一的一条地下铁——札幌市营地下铁。在错综复杂的札幌地下空间里，还隐藏着一家米其林一星级的拉面店，店名非常简单，叫“一粒庵”。

纵然是米其林，这家店仍然保持着日本拉面店特有的风格——点单都是通过立在门口的自动贩卖机进行，除了吧台旁的六个座位和可容纳四人的两张桌子，整个店没有别的立足之地。但是，每到饭点，门口总是挤满了慕名而来的饕餮客。想知道这家的拉面有多好吃，点一份酱油拉面，就可以一窥究竟。

在店里坐下，用自动贩卖机里吐出的小票，换来一碗热腾腾的拉面，会有一种梦想成真的感觉。自动贩卖机就好像一只专做拉面的哆啦 A 梦，满足各种要求：要什么汤头？硬面还是软面？汤头浓厚一点还是清淡点？需要几片叉烧？需要加多少面？这些问题都可以交给它来解决。

一碗酱油拉面，所用的配料十分简单：拉面、溏心蛋、卤笋、海苔、葱……但是，要把这些配料完美地融合到一起，全靠一碗味道浓郁的汤。这碗汤是由两部分组成的，一部分叫作“出汁”，也就是汤底，另一部分叫作“タレ”，也就是汤的调味料，两者结合成一碗完美的“スープ”（英语 Soup 的日文发音，意思就是“汤”）。调味料和汤底混搭，是考验拉面师傅的一大难题。打个比方来说，拉面是一位至高无上的君王，“出汁”和“タレ”就是左辅和右弼，如果两者相辅相成，这个王国便所向披靡。

从面的佐料来说，大约日本人的口味和中国南方人有点接近。北方人吃面，喜欢折腾面条本身，有宽得如裤带一样的Biángbiáng面，有薄如纸、细如线的臊子面，还有一根一米长，五六根就管饱的蘸水面。各种五花八门的面条，配的是讲究但是很简单的佐料。一碗油泼辣子裤带面，只要在辣椒面儿上“嗞啦”一声浇上一圈滚烫的油，再倒上些酱油、醋，就能“吸溜吸溜”地吃将起来，不需要多复杂的汤头，也能咥得很适意。

但是南方人却喜欢在面汤上下功夫。苏州人折腾一碗面，会挖空心思做出不同的汤头。清汤用鸡骨、鳝骨，油而不腻，汤色要透明如琥珀，热腾腾端上桌后香味扑鼻而来。各种浇头也很有讲究，黄鳝去骨做成鳝糊，最好现炒；虾仁要手剥去虾线，用蛋清处理过，口感嫩滑。最经典的是老方子的冻鸡面，鸡肉要去除血水，用文火炖煮5个多小时，然后自然捂冻，连着鸡汤一起做成鸡肉冻。上面时另取一碟，用“过桥”（浇头并不放在面里，而是另放一盘，在苏州叫“过桥”）的方式端上来。鸡冻晶莹剔透，吮一口鲜美异常。面和浇头的比例还有讲究，轻面重浇，要面少浇头多，而重面轻浇，要面多浇头少。看来看去，苏州人把那点锦心，那双巧手，大部分都用在了做面汤和浇头上。

有趣的是，注重面汤的北海道拉面却不是来自中国南方的。根据记载，今天的札幌拉面来源于1922年的一家中华料理店——竹家食堂。而这家食堂的掌厨是一个来自山东的厨师，名叫王文彩，他和竹家的店主一拍即合，在北海道大学周边卖起了手工制作的肉丝面。鸡肉和猪腿肉熬成的汤，小麦粉加水做成的面，吸引了众多食客前来尝鲜。很快，在北海道大学留学的中国学生就聚拢到这家店里，集体怀念起祖国的面条。店里经常有100多个留学生同时用餐，有的人甚至一日三餐都跑到这里来吃。或许是因为面太好吃了，也或许是因为留学生的思乡情结太重，反正竹家食堂的好口碑突然一传十十传百地传开了，吸引了不少日本人也来这里尝个新鲜，结果竹家的名声不胫而走。于是，札幌这个北方城市就有了特色的中华面。

王文彩曾经在俄罗斯统治下的庙街生活过，这个地方与北海道以北的库页岛仅一个海峡之隔，他是为了躲避十月革命后协约国干涉军和红军之间的战火而来到北海道的，因此，他熟悉在寒冷地带生活的人的口味，也知道怎么样把面条做成北海道人想要的味道。一碗热腾腾的肉丝面，是在寒风中瑟瑟发抖的北海道人慰藉肠胃的“药方”。王文彩的面，用切开的笋、葱、肉作为浇头，初步奠定了今天札幌拉面的配方基础。

王文彩在1924年离开了他工作两年的竹家食堂，但竹家食堂尝到了中国厨师掌勺的甜头，于是继续重金礼聘中国厨师。据说当时一个主厨的平均月薪是5—10日元（战前的日元价值并非今天的日元可比），而竹家给王文彩的月薪可是50元。高薪吸引了来自大阪、神户等地的旅日中国厨师，很快，竹家就找到了接替王文彩的人——李宏业和李绘堂。他们依据日本人的口味逐渐改良拉面的做法，沿袭至今就是札幌拉面。由于“肉丝面”这个名字太拗口，竹家后来把它命名为“柳面”（リュウメン），取面条如柳条一般细腻柔顺的意思。

至于拉面（ラーメン）这个名字的由来，传闻也和中国厨师有关。在厨房里一碗接着一碗做面的中国厨师，每出品一碗面就习惯性喊上一声：“好啦！”后来，日本人就用这句话的尾音，把这种面称作“拉面”，日语也读作“拉——面”。这个名字从札幌出发，风靡了日本全国。

初露峥嵘的札幌拉面业在第二次世界大战中很快

遭到毁灭性的打击——20 世纪 40 年代日美开战，资源贫乏的日本开始了战时物资统制，制作拉面所需要的原材料——猪肉、鸡肉、海鲜，乃至面粉、调味料，都成了稀缺品。战争结束时的 1945 年，在侵略战争中自作自受的日本成了一个“四等国家”，各类物资更加匮乏。

但是，北海道却在战后初期迎来了一次发展的契机。日本战败后，大批在中国北方和苏联远东滞留的日本侨民或原侵华日军被遣返，很多人在北海道登陆返回日本。这批人成了北海道的人力资源。有人，就有对食物的需求，札幌街头，一度销声匿迹的流动饮食摊——屋台又一次兴旺起来。

屋台从江户时代开始就是日本街头美食摊最简单的形式——一辆竹木制作的可以推行的小车，架起一只锅子，放上一把筷子几个碗，就是一家店，食客站着就能解决温饱问题。要说战后札幌最有名的屋台，“龙凤”应该算一家。

创立于 1947 年的龙凤，最初就是一家在札幌市南四条东一丁目做着小本生意的屋台。创业店主松田勘七是北海道函馆人，在战时，他曾跑到中国的天津生活过一段时间。在刚刚开店的时候，他决定卖的是一般屋台都会出售的烤串儿和啤酒，但是，精明如他很快想到在北海道这个寒冷的地方，人们最想吃什么——还有什么比在冰天雪地里端起一碗热腾腾的面条更令人感动的事情呢？

据说松田勘七在中国天津吃过热汤面，因此才会有这样的灵感。不过今天的天津人，最爱的却是捞面：清炒虾仁、炒鸡蛋、肉丝炒香干、糖醋面筋丝，四个碟配上一碗面和一份卤子，按1∶1∶1的比例浇起来，唯独没有面汤。天津这样的大码头，聚集了走南闯北的人，也汇聚了东西南北的面，相信松田勘七确实曾在天津见过世面，从而选择了一种最适合北海道天气的面。

松田勘七的面称作“酱油拉面”，它的“出汁”，也就是汤底，是用猪骨熬制的。猪骨中含有丰富的胶原蛋白，经过熬制以后，骨中的胶质溶入汤中，浓厚的骨头汤泛出了诱人的乳白色，之后，再加入“タレ”——日本产的酱油，两者便混合成为一碗完美的面汤。咸鲜中带一点点回甘，黄色的面如龙吸水，盘旋而入，小麦甘甜的滋味，吸收了酱油面汤的浓郁，吃起来格外带劲。

松田勘七的竞争对手是“味之三平”的大宫守人。大宫守人战前在中国东北生活，供职于日本侵略东北的著名机构——南满铁道株式会社。在东北多年的生活，让大宫守人迷上了一种当时的北海道人不怎么吃的食物——大蒜。在中国北方，一口饺子就一口蒜是非常常见的吃法。东北人还有一种有趣的理论——烧烤不够卫生，所以需要就生蒜杀菌。在烟雾缭绕中一口串儿一口蒜，简直可以媲美日料里的刺身搭芥末。

然而，很多日本人都无法理解为什么有人对这种能制造“好大口气”的食物如此偏爱。大宫守人则找到了一种能完美搭配蒜的酱料——日本本土的味噌。人类食用大豆的历史有几千年，但是，大豆所具有的难以消化的特征一直是困扰人类的一大难题。中国人发明了豆腐，日本人搞出了味噌，八仙过海，各显神通，都是为了把一颗颗大豆弄成腹中之物。

味噌，是大豆加上盐和曲发酵而成的一种调味料，日本列岛潮湿的气候促成了这种发酵。曲带有促成复杂化学反应的菌种，将大豆里的蛋白质分解，使大豆产生出浓郁的鲜味。同时，谷物中含有的淀粉、糖不断占领空间，释放出甘甜的味道，最终形成一罐风味独特的味噌。在味噌上加上那么一小勺蒜泥，加入滚烫的猪骨汤，蒜香、味噌香、汤香相得益彰，饥肠辘辘的人肯定受不了这种诱惑。

大宫守人和松田勘七一样，深谙食客的心理。在战后物资匮乏的年代，一碗看起来满满当当的米饭或面，能激起人最大的食欲。在大宫守人发明的味噌拉面上，就堆着一大堆菜——长葱、洋葱、豆芽、大白菜……怕客人吃不饱，大宫守人还独创了面条加米饭的菜单，一碗面条不够吃的人可以选择再加一碗米饭（话说只有日本人会把面条和米饭这两种主食混着吃）。

大宫守人还和西山制面合作，创造了一种“缩面”。这种面粗细大概只有 1.3 毫米，在制作的过程中大量加水。面条做好以后，在恒温恒湿的环境中进行“熟成”——挂晒几天，去除碱水味。面条的韧度、爽滑程度都会显著提升。横截面变小又经过部分脱水处理的面条，可以更好地发挥吸收性，能够让汤汁里浓稠化的味噌将分子紧附其上，让每一口面都充满鲜美异常的豚骨汤和味噌的鲜味。这碗惊艳世人的味噌拉面经过一家著名的生活杂志《生活手帖》（暮しの手帖）在 1955 年 11 月号的报道，名声大噪。

酱油拉面和味噌拉面就这样成了札幌拉面的两极。1951 年，以“龙凤”为代表的一批拉面店在札幌南五条西三丁目的札幌东宝公乐电影院旁开店。这条汇聚了当时拉面名店的街道被称为“公乐拉面名店街”，成为札幌最火的一条美食街，出售的拉面就以酱油拉面为核心。直到 1969 年，为举办札幌冬奥会，札幌进行市政改建，这条街才消失，却成为今天札幌拉面一条街“拉面共和国”的鼻祖。

而在札幌以外的区域，由于那本发行于东京的杂志《生活手帖》的巨大影响力，人们提到札幌拉面，立刻就想到味噌拉面，味噌味成为札幌拉面的代表性口味。

说回那一碗令人难忘的米其林札幌拉面。札幌人的拉面有种独特的油味，这是札幌人在和寒冷天气斗争时总结的智慧。油温高于水温，一层油在能保持拉面的热量，确保拉面送到桌上时还是热腾腾的。所以，吃札幌拉面的时候千万不能操之过急，要先吹一口气，轻轻吹走油沫，用筷子轻轻拨开面上的长葱和豆芽，把那一大块叉烧夹起来，狠狠来上一口，然后，轻轻挑起隐藏在汤中的面条，趁汤汁还依附在面条上时，就挑入口中。爽滑的汤汁会顺着口唇、舌尖、喉咙将面条一路送进去。一碗面下来，寒气尽去，拍着肚子，有满满的满足感。

这就是对札幌拉面挥之不去的记忆。在某一天，忽而想念那一碗热腾腾的面。到了上海，听说札幌的一粒庵在这里有一家分店，特地走了两公里去寻找深藏在一幢大楼里的店面，特别又点了一份酱油拉面。还是一样的配方，还是熟悉的味道，叉烧肥而不腻，鲜笋韧性十足，面条筋道爽滑。在阳光灿烂的上海正午，享受这样一碗面，真是一种惬意的享受。

二、札幌薄野的蟹宴

一只特别想红的螃蟹，爬进汤锅里，实现了自己的愿望。这个故事告诉我们，想红，有时需要付出血的代价。

但这个故事同时也告诉我们，人类对螃蟹有多热衷，甚至祈求螃蟹自己掉到汤锅里，这不亚于祈求天

札幌蟹宴

在这场精致的仪式上，北海道人把对食材的敬意发挥到了极致，似乎不这样，就对不起螃蟹曾经的努力。

上掉下馅饼，兔子撞到树上。即使螃蟹的吃法是那么繁复，螃蟹的外壳是那么尖锐，也挡不住人类的食欲。可见在享受美食和免去麻烦之间做选择，人类的答案总是坚定地偏向享受美食。不信？可以看一下石原里美和山下智久主演的日剧《朝五晚九》，石原里美扮演的女主就是一个疯狂的螃蟹爱好者，当山下智久把蟹腿肉剥出来塞在她手里的时候，霸道和尚瞬间变成了男神。

北海道，恰恰是个吃螃蟹的好地方。在北海道周边冰冷的鄂霍次克海和日本海中，生活着无数肉质肥厚的螃蟹。螃蟹们为了和冰冷的海水、激烈的海浪搏斗，练就了一副好身躯，结果却成为人类觊觎的盘中餐，这可是螃蟹们在进化过程中怎么也想不到的。

在札幌吃螃蟹，是一场精致的仪式。北海道人把对食材的敬意发挥到了极致，一道道菜充分利用了螃蟹的每一个部位，似乎不这样，就对不起螃蟹的努力。不过，在日本的传说中，确实有螃蟹报复仇人的故事，恐怕认真对待螃蟹，也是为了防止它报复吧。

这个故事叫作猿蟹合战（さるかに合戦），是日本非常著名的民间传说，讲的是一只手里拿着饭团的螃蟹，遇见了一只狡猾的猴子，猴子觊觎螃蟹的饭团，企图拿柿子的种子去换，并且花言巧语地告诉螃蟹："你拿着饭团只能充一时之饥，但是拿着我的柿种，将来会收获很多柿子。"螃蟹觉得有理，于是就用饭团交换了柿种，唱着歌愉快地把它种了下去，辛勤耕耘，努力浇水、施肥。终于到了收获的季节，眼看螃蟹就要获得柿子，又懒又坏的猴子又来偷柿子，螃蟹赶来阻止时，猴子把未成熟的青柿子向螃蟹丢去，砸死了螃蟹。

螃蟹的孩子们立志复仇，它们叫来栗子、石臼、蜜蜂和牛粪（没错，不要在意这个奇怪的组合），制订了一个详细的作战计划：栗子躲在猴子家的火炉里，石臼躲在猴子家的屋檐下，蜜蜂则藏在水桶里，牛粪静静卧在猴子家的玄关。猴子回家后，先准备烤火，火炉里的栗子突起发难，狠狠烫了猴子一下。猴子大叫一声，跑去水桶边找水，又被藏在里面的蜜蜂狠狠蜇了一下。惊慌的猴子试图跑出家门，在玄关踩到了牛粪滑倒，正好屋檐下的石臼落下来，砸死了猴子，螃蟹的孩子们就这样报了仇。这就是一个饭团引发的一场血案。

这个故事在今天看来有许多“槽点”，比如猴子之死是因为偷了螃蟹种的柿子，不由让人想到那个流传已久的说法——螃蟹和柿子同食会中毒。或许古人还能借助这个故事告诉孩子不能把螃蟹和柿子放一起吃，不然就会落个和猴子一样的下场。柿子不能和螃蟹同食，是因为蟹肉中含有不少蛋白质，而蛋白质会和柿子里的鞣酸结合，从而变性凝固在胃里形成胃石。实际上胃液里也有一部分蛋白质，所以，千万不要空腹去吃柿子，也最好避免和螃蟹同食。

言归正传，“猿蟹合战”这个故事被日本近代文学家芥川龙之介再度创作，写成了小说。在他笔下，故事有了一个与时俱进的结局——复仇的螃蟹也付出了被判处死刑的代价。而当代作家吉田修一也借这个故事的寓意，写了一个畅快淋漓的复仇故事——《平成猿蟹合战图》。这个今天看起来“槽点满满”的民间传说，在日本却经久不衰。

为父复仇的螃蟹，可能在日本人眼中，就好像江户时代的赤穗浪士那样令人敬仰，所以，螃蟹料理，也给了螃蟹最高的待遇。

在札幌吃螃蟹，要去最热闹的地方。从札幌地下铁南北线的薄野站出来，就是札幌最热闹的不夜城——薄野。在这里，美食隐藏于充满市井烟火的街巷之中。在一家螃蟹专门店的榻榻米上坐定以后，服务员突然端上一只大木盆，木盆里是一只正在张牙舞爪爬行的北海道红毛蟹。它有八条粗壮的腿和两只威风凛凛的钳子，身披红色的甲胄，犹如江户时代武田家赫赫有名的赤备军。如果鄂霍次克海和日本海的海龙王也有精锐部队的话，可能就是由北海道红毛蟹组成的吧。

一只北海道红毛蟹要长到盘中餐的程度可不容易。红毛蟹从受精开始到孵化，要经过漫长的一年时间，这一年里，雌蟹要一直小心翼翼地抱着未孵化的卵。到第二年的3—4月，小红毛蟹们终于出生，它们要经过1—3年的时间蜕皮成长，然后在冰冷的海水中捕食浮游生物、贝壳类和小鱼生存。在艰难的成长过程中，它们还得躲避北海道附近海域里凶猛的狼鱼和硕大的章鱼，狼鱼和章鱼能轻易地把红毛蟹的甲壳“咔嚓”一下咬碎。经过数年的时间，它们长到600克左右的时候，就可以捕捞了。

这只木盆里的北海道红毛蟹就有600克，它是蟹宴的主角，但是，一个个配角也不是泛泛之辈。用过开胃的前菜以后，首先上桌的是雪蟹和帝王蟹刺身。刺身是日本料理中最常见的菜式，在“割主烹从”的理念里，刺身能最好地发挥食物的“本来之味”。一道刺身好不好吃，取决于材料的新鲜程度和厨师的料理方法。北海道附近海域里盛产的帝王蟹和雪蟹，和红毛蟹一样，只要打开壳，就能看到肥厚的蟹肉。

北海道松叶雪蟹，披着一身漂亮的暗红色甲胄，它们生活在鄂霍次克海、白令海等广阔的北太平洋区域，潜伏在200—600米深的水底泥沙中，耗费十年的光阴才能长到超过9厘米的宽度。幸运的是，北太平洋暖流带来了大量的浮游生物和鱼类资源，松叶雪蟹的食物非常丰富，它们因此能获取丰富的营养。每当冬季的时候，北海道覆盖着一层皑皑白雪，正是松叶雪蟹大批上市的季节。雪蟹和温泉更配，下雪的日子里，在泡到全身发烫以后，没有比吃一只蒸雪蟹更好的享受了。在《朝五晚九》里，山下智久一开始诱惑石原里美的那顿螃蟹，吃的就是雪蟹。

但是最高明的吃法是将最新鲜的雪蟹做成刺身。粗壮的蟹腿被纵向切开，露出里面银丝般的蟹肉，这个时候，只要一点酱油、一点芥末，就能激发出雪蟹本身的鲜味。有趣的是，遇见酱油的雪蟹，会有那么一点点甜味，咸鲜和甘甜的结合配上蟹肉丝绒般的口感，便是大海最真诚的味道。雪蟹，哪怕不熟，你也可以对它“动手动脚”。

而帝王蟹，则有一种完全不同于雪蟹的霸气。传说帝王蟹的血是蓝色的，而蓝血是尊贵的象征。要真是这样的话，帝王蟹不应该叫帝王蟹，而应该叫“卫斯理蟹”。严格来说，帝王蟹并不是螃蟹——看腿就知道，别家螃蟹都是四对腿两个钳子，只有帝王蟹是三对腿。不过，对于吃它的人来说，它是不是属于螃蟹并不重要，只要看起来好吃就行。

通常，帝王蟹腿会被细心地剥去外壳，红润如膏的腿肉，配上白色的玉葱、金针菇和黄色的娃娃菜，精致的摆盘，更添食欲。帝王蟹腿，要放到沸腾的汤锅里。看着红色的肉慢慢变白，会有一种被彩蛋击中的兴奋感。一条蟹腿，就能让整锅汤的味道变得鲜甜，这可不是火锅里的蟹肉棒能比的。要知道，蟹肉棒的原料是冷冻的鱼糜，一点蟹肉都没有。而这条帝王蟹腿，是一条实打实的“蟹肉棒”，实力绝非山寨货色可比。帝王蟹“霸道皇帝”的品性就这样在一碗汤里表现得淋漓尽致。

接下来，毛蟹终于上了桌。一只毛蟹被细心地切成两半，每条腿的壳都划了刀，只要用手轻轻一掰，雪白的蟹肉就会露出真容。吃毛蟹，最好的搭配大概是札幌啤酒，蟹肉中的高嘌呤配上啤酒，就是传说中的“痛风套餐”。但是，越刺激的组合，往往越好吃。相比帝王蟹和雪蟹，毛蟹的诱人之处，在于它那一肚子蟹膏。食毛蟹，最舒服的一刻，就是拿起半只来，将蟹膏一舌头舔入口中，舌尖所触之处，都是肥美丰厚的蟹膏，带着微微的咸鲜味。这个时候，呷上一口札幌啤酒，爽快地打个嗝，连回味都妙不可言。

当用庖丁解牛的功夫细细肢解完毛蟹以后，这一顿蟹宴仅仅告一段落，接下来才是高潮部分：把米饭倒入沸腾的帝王蟹涮涮锅里，让淀粉充分吸收蟹汤的滋味，然后打入一个鸡蛋，蛋白质进一步提升了汤的风味。趁热，来上一碗蟹汤泡饭。在蟹肉汤中接受洗礼的米饭，用淀粉特有的甜，中和着蟹的味道，每一口都是海的恩赐。当然，也可以选择放入乌冬面，一碗肿胀的蟹汤乌冬，是洗去冬日寒气的最好果腹之物。

酒足蟹饱，甜品少不了，在冬瓜熬成的甜汤里，雪蟹肉撕成碎条，即便是和糖的组合，也难掩它的主角光环。

想起来，上一次吃得这样爽利的，还是那条鲷鱼。

鲷，是辐鳍鱼纲鲈形目鲷科的鱼类。在鱼类数据库里输入“鲷”字，可以获得几百条讯息。但是，老饕口中的“鲷”，一般就是“真鲷”。这是一种头大、口小、通体鲜红色，体形扁平，栖息在近海30—200米深的水域礁岩区的可食用的鱼。日本人对这种肉质鲜美的鱼极其偏爱，甚至于会把其他非鲷科的具有鲜红外表的鱼类统统冠以“某某鲷”的称呼。而日本的渔业之神——七福神之一的惠比寿，则被塑造成了右手持鱼竿儿，左手抱着一条硕大的鲷鱼的形象。

中文里那句“宁为鸡口，不为牛后”在日语中的版本是“宁为鰯头，不为鲷尾（鯛の尾より鰯の頭）”。鰯，说的是小小的沙丁鱼。宁可为弱小的沙丁鱼之首，也不愿意做华丽的鲷鱼之尾。但是在一盘鲷鱼上桌以后，任何一个有雄心壮志的人都会改变自己的主意。

子曰：“食不厌精，脍不厌细。”遵照夫子此句，就会渐渐心宽体胖。脍，说的是切得很细的鱼或肉，

鲷鱼刺身

一条鲜活的鲷鱼被匠人片成蝉翼一般的薄片，而后沾满酱油和芥末，迅速入口。听！《霓裳羽衣曲》响起，那披着素纱襌衣的艺人，已开始在舌尖起舞。

一条鲜活的鲷鱼被片成蝉翼一般的薄片，犹如马王堆出土的素纱襌衣，带着极致的匠人精神。搭配合适的酱油和芥末，趁着新鲜劲，迅速放入口中，这口感，鲜嫩有韧性。听！耳边《霓裳羽衣曲》响起，那能歌善舞的艺人，正披着薄纱襌衣，在舌尖舞蹈。

鲷，在日本料理里是一种“王者之鱼”。在武士统治的江户时代，它是德川幕府将军家的最爱。江户靠近海边，这种广泛分布在西太平洋沿海的鱼类被渔民从江户湾里钓起来，珍而重之送到将军的面前。因为鲷肉质漂亮，有红有白，宛如樱花一般灿烂，带着一种喜庆的气氛，所以因名字的谐音被冠以“大位”的称号，又因肉质颜色被称呼为“樱鲷”，它和鲤鱼并称为两种具有吉祥意味的鱼。远离海岸的京都公卿喜好鲤鱼，而出生于盛产鲷鱼的三河地区，居住在靠海的江户的将军家喜好鲷鱼，鲷鱼还会被当作战胜的祝愿礼送到军中祈求吉祥。

在那个时代，日本吃鱼的习惯和今天大不相同。今天广受追捧的金枪鱼，由于和“死日”读音相同，遭到武士的嫌弃，何况金枪鱼肉身肥大，脂肪厚实，不易保存，很不符合江户人的口味，因此成为下层市民才会问津的廉价鱼。而相对地，具有吉祥意味的鳍鱼、鲷鱼、鲣鱼，则受到追捧，身价百倍。

做完了鲷鱼刺身，鲷鱼的鱼头和留下的一部分鱼肉、鱼骨会被做成鱼汤，这是鲷鱼三吃的第二幕。用鲷鱼熬汤的方法，可以追溯到《万叶集》的时代，那个时候，人们就用和歌吟咏鲷鱼的鲜美。在远离海边的京都，公卿们要吃鲷鱼，恐怕最好熟食。鲷鱼汤，加入味噌提鲜。味噌将汤的味道加重了几分，但并不会完全掩盖鲷鱼的味道。富含胶质的鱼头和味噌完美搭配，借助鱼香提升汤味，紧接着白菜、菌菇、秋葵纷纷加入这曲二重奏中，合奏起日式鲷鱼火锅的美妙交响曲。

鲷鱼三吃的最后一步，是在汤汁里加入一盅米饭，打入一个鸡蛋，在沸腾的汤中打散，然后略撒海苔。东亚人的身体是米做的，米饭的淀粉甜味，为汤汁补上了最后的乐章。充分吸收了汤汁以后，那一碗鲷鱼汤泡饭鲜美异常，足以温暖吃完刺身后变凉的胃，到了这一刻，才真正有了饱腹感。

一条鲷鱼就这样被从头到尾充分利用，也只有这样，才是对鱼中之王鲷鱼的最高致意。

因为贵重，所以尊重。无论是对北海道的蟹，还是对鱼中之王鲷鱼，人们都将充分利用它们的精神贯穿于食的始终。

说起来，对食物表示尊重，并不在复杂的仪式感，而是要做到以下三点：第一，充分利用食材；第二，做得好吃一些；第三，都吃完，别浪费。

食者不易，捕者更不易。居住在北海道的日本著名作家小林多喜二在1929年完成了他的代表作《蟹工船》，小说描写了在堪察加半岛附近海域中漂流的捕蟹船上的艰苦生活。严酷的工作环境、冰冷的大海、残忍的工头，这一切构筑了捕蟹船上尖锐的阶级对立。今天的鄂霍次克海上，捕蟹的工作依然是勇敢人的游戏。每一只雪蟹和帝王蟹，都是捕蟹工人和风浪搏斗抗争得来的，我们怎么能不对这些螃蟹油然而生一种敬意呢？

在海的另一边，俄罗斯人和北海道人共享这片生活着帝王蟹、雪蟹和毛蟹的海域。但是，粗犷的俄罗斯人吃蟹却全然没有这些“讲究”。

东亚最北面的不冻港符拉迪沃斯托克，有个中文名字叫海参崴，意思是海边的城市。那里，有一座极美的灯塔，在电影《七月和安生》的最后一幕，女主角沿着浅滩走向这座灯塔，使得灯塔成为许多游客的打卡地。走向灯塔的路很长，在看完灯塔饥肠辘辘的时候，恰好可以在路边一家简单的小店里用上一餐。

而这家小店菜单的第一页，赫然就是一只带着铁甲长戈的帝王蟹。店员姐姐会很快用一只银盘，郑重其事地端上一只活生生的帝王蟹来，它还在盘里划拉着壮硕的腿。第二次看到它的时候，它青色的壳已经变成了红色，旁边有一把剪刀，正是“饕餮王孙应有酒，横行公子竟无肠”。操起剪刀。“咔嚓”一下剪下蟹腿，狠狠一掰，就能把长长的腿肉塞入口中，简单粗暴，毫无仪式感。但是，食蟹这个事，本身就有两种不同的享受：其一是像北海道人那样精致、耐心、细品慢尝；其二就是和俄罗斯人那样，杯盘狼藉、满手蟹味。这两种，各有各的乐趣。

在 1956 年，为了和苏联建交，日本农林大臣河野一郎访问苏联，和苏联部长会议主席布尔加宁（Nikolai Bulganin，1895—1975）会谈并签署了《日苏渔业协定》，以规范“北洋渔业”问题。在战后，日本北部的千岛群岛和鄂霍次克海域一度禁止日本渔民进入，虽然苏联在1952年解除禁令，但由于日苏关系紧张，在那里作业的日本渔民往往仍会遭到苏联人的驱赶，甚至被扣留。所以，这个渔业协定一定程度上对日本有利，不过，这个协定的规定并不具体，后来，苏联仍因日本渔民滥捕破坏渔业资源等行为对日本渔民实行扣留，引发了许多外交争端。

在吃过两顿蟹以后，突然想到，难怪俄罗斯人和日本人就北太平洋渔业争夺不休，就算为了这盘中的蟹，也值得了。

三、旭川的成吉思汗烤肉

很久很久以前，一个生活在非洲埃塞俄比亚的名叫卡尔迪（Kaldi）的少年，有一天发现他饲养的羊兴奋得直跳，就把这个奇怪的现象报告给了附近的修道院。修道院的修士很快查清了这一现象的原因——羊吃了山间生长的一种红色果实。

等等，你以为我要讲发现咖啡的故事？不！

后来，修道院的修士和卡尔迪一起，把羊杀了吃了——蹦跶了一晚上的羊，肉质一定很好。

旭川成吉思汗烤肉

这道在日本少见的羊肉料理，历史并不悠久，跟成吉思汗、源义经这样的英雄人物更是没半毛钱关系。那又怎样呢？丝毫不影响它好吃得要死掉啊！

这个故事，潘神听了想落泪，村上春树笔下的羊男听了想倒退。

羊那么可爱，当然要吃掉它！

北海道的旭川，是北海道诸多美食的发源地，这里除了赫赫有名的酱油拉面，还有一种令人欲罢不能的食物——成吉思汗烤肉。《孤独的美食家》第一季中，井之头五郎到了神奈川县川崎市川崎区，在饥肠辘辘之时突然遇见了一家烤肉店。以五郎的胃口，在烤肉店中厮杀两轮，如探囊取物。他先用一盘特制酱汁调配的卷心菜沙拉做前菜，然后一招横扫千军，将前锋部队牛排肉、横膈膜和牛小肠收入腹中。中场休息时的补给是中份的卷心菜沙拉和泡菜。脱了外套以后的五郎更是加满战斗力，很快开始了第二轮——牛胸腺和烤肉。五郎自称身体变成了炼钢厂，胃变成了熔炉。肉和米饭在胃中熔炼，这，大概是孤独的美食家里最下饭的一集。

但是，五郎吃的这顿成吉思汗烤肉，要是放到北海道旭川，当地人肯定会吐槽："异端！这也叫成吉思汗？！"那种平底网格烤肉架上烤着的牛肉，旭川人大概只会承认它是烤肉，而真正的成吉思汗烤肉，有着旭川自己的特色。

旭川的成吉思汗烤肉店，有着独特的格调，门面就极具视觉冲击力：一挂黑底白字的门帘上，用粗犷的书法写着“成吉思汗”四个大字。一块白色的板子上画着一只羊，羊身上写着简单的菜单，侧面还得挂一个在夜间路上闪烁的霓虹灯。白色的外墙有烟火熏着的痕迹，这一切都和这个城市里那家著名的充满温情的动物园格格不入。

走进旭川的烤肉店，首先扑面而来的是一股带着炭火味的香气。在满室的烟雾缭绕中，人一旦入座，自然而然就融入了环境。烤肉店的气氛天生就很热烈，头顶上的风扇呜呜地吹着，但是，人和人之间似乎仍然隔着一层迷雾，所以大伙的说话声也自然而然响起来，加上烤肉叉碰撞的声音，觥筹交错的声音，伙计问候和点单的声音，合奏成一曲热闹的市井交响曲。在这样的环境下吃饭，情绪也会高涨起来。

那么，问题来了：为什么一个900年前的征服者的名字，会给烤肉用呢？

要说成吉思汗和北海道的渊源，可以追溯到江户时代。当时最有名的史书作者“水户黄门”德川光圀在他所著的《大日本史》卷一八七中写了这样一段关于名将源义经的逸闻：

> 世传义经不死于衣川馆，遁至虾夷。今考《东鉴》，闰四月己未，藤原泰衡袭义经杀之。五月辛巳，报至，将致首于镰仓。时源赖朝庆鹤冈浮图，故遣使止之。六月辛丑，泰衡使者赍首至腰越，漆函盛之，浸以美酒。赖朝使和田义盛、梶原景时检之。己未至辛丑，相距四十三日，天时暑热，虽函而浸酒，焉得不坏烂腐败，孰能辨其真伪哉？然则义经伪死而遁去乎？至今夷人崇奉义经，祀而神之，盖或有故也。

源义经是日本平安时代末期的名将，他是镰仓幕府的创立者源赖朝的异母弟弟。自幼生长于京都寺院的源义经一生中有着不少传奇故事，也为源赖朝讨伐平氏政权，夺取天下立下了赫赫战功。源义经在平氏政权覆灭，为父复仇以后，走上了和兄长对立的道路，最终在文治五年（1189）闰四月三十日被藤原泰衡带兵袭击，在衣川馆自刃身亡。

源义经这位悲剧英雄被许多后来人所崇敬，一方面是因为他奇迹一般的战功和出类拔萃的军事才华，另一方面，人们对这位英雄的容貌有许多美好的想象，因此吸引了不少“颜控”粉丝。《平家物语》中就用说书人的口吻对源义经的穿着打扮大肆渲染，说他“穿着红地的锦绸直裰，上穿深紫色镶边的铠甲，头盔上打着锹形纽结，挎着金护手的腰刀，背插白地黑斑的鹰翎箭，缠藤的弓上把手处往左缠着大约一寸宽的纸”，俨然就是一个翩翩佳公子的形象。

加上义经死后，如《大日本史》中引用《东鉴》所记载的那样，首级经过一段时间才到达源赖朝派出的检首使者手中，人们合理推测这个首级已经腐败不能辨认了，进一步“合理推测”义经可能没死，毕竟袭杀义经的奥州藤原氏最初是义经的坚定支持者。

人们对英雄的想象往往会更夸张。江户时代中后期，幕府派遣间宫林藏等探险家对北海道进行勘测。随着日本人对北海道的进一步了解，义经神话也进一步被渲染，开始传说义经就是北海道的原住民阿伊努人所信仰的英雄神阿伊努拉克尔（アイヌラックル），这位神灵在北海道降伏了大鹿和魔神，深受阿伊努人的尊崇。

接着，更离奇的传说出现了，传说义经在藤原泰衡的袭击中逃脱，然后前往北海道，进一步逃到了大陆，成为统一蒙古草原的成吉思汗。也就是说，成吉思汗就是源义经。

这个今天看起来荒诞不经的笑话，在当时可是被正儿八经研究的课题。大正十三年（1924），一个叫小谷部全一郎的人出版了一本书，很“严肃”地对义经穿越北海道逃到蒙古草原成为成吉思汗的传说进行了“考据考证”。这位小谷部全一郎曾在中国担任日军的翻译，也曾在北海道居住过。他的论调，无疑是迎合了当时某些人的需求，理所当然地，也被众多严肃的历史学者批驳得体无完肤。

不管怎么样，通过“源义经”这个“中介”，北海道就这样和远在蒙古草原的大汗扯上了关系。或许就因为这样，北海道人把烤羊肉叫“成吉思汗烤肉”？

当然，更多人相信的说法是：成吉思汗烤肉的制作方式，有点像蒙古烤肉。这也难怪，旭川成吉思汗烤肉用的锅，是一个隆起的半球形，下面放着炭火，很容易让人联想到证实大气压力存在的“马德堡实验”的器具。但是，也有人开了脑洞将它和蒙古草原骑兵的圆盾联系起来，言之凿凿地表示蒙古骑兵就是在这样的圆盾下面架起火来烤肉的。且不说蒙古骑兵是不是真的会把自己的盾牌烧得滚烫去烤肉，这个锅的形象也和蒙古骑兵的盾牌形制不符呀。

真正的蒙古烤肉，不会像成吉思汗烤肉那么“文气”。蒙古人是马背上的民族，对待烤肉简单粗暴，有时候，会把整只羊架上火堆，这份豪爽，北海道的成吉思汗烤肉绝不具备。成吉思汗烤肉，吃的是细腻，尝的是精致。

说成吉思汗烤肉细腻，首先在于它的料理方法。半球形的铁锅被缓缓加热，热气升腾，从桌面上方的排风扇排出，羊肉切得整整齐齐，码放在盘子里，一道一道端上来。每个盘子里，是以不同处理方式制作的羊肉，有着不同的风味。

料理羊肉的锅，是日本著名的“南部铁器”。南部铁器并不产于日本南部，而是出自日本本州东北部的岩手县。自江户时代开始，盛冈藩（南部藩）制作的铁器就享誉全国。铸铁制造的锅子，导热强，还有良好的设计性——在凸起的锅表面，有着十分科幻的纹路，这些纹路能巧妙地把烤制羊肉时流下的肉汁引导到锅的边缘。

在享用成吉思汗烤肉的时候，随着羊肉端上来的，还有赠送的一大碗蔬菜——洋葱、土豆、胡萝卜、彩椒、南瓜……这些蔬菜被放置在锅的边缘，而锅的中央，是羊肉的专属地盘。首先上场的就是厚切羊肉，必须是没有冷冻过的那种新鲜肉，日本人称它为“生ラム”，来自羊身上最肥厚的部分，切成1.5—2厘米厚的肉片，雪白的肌理纵横交错，极显刀工。在火红的炭火催动下，带着香味的烟弥漫开来，羊肉的油脂一滴滴顺着铁锅的纹路淌下，被锅边卷曲的洋葱贪婪地吸吮着。

当肉的两面都变成粉色的时候，就轮到成吉思汗烤肉的“精华”——蘸汁出场了。每家成吉思汗烤肉店都有不同的蘸汁方子，酱油是主力军，砂糖、麻油、味噌乃至果汁，都可作为增加风味的配料，尤其是果汁，据说有去除膻味的特别作用。从锅上夹起烤到嗞嗞作响的羊肉，迅速浸入酱汁，滚烫的肉遇见冷的酱汁，迅速吸收，将酱汁的甜鲜味锁进肉汁里。这个时候，搭配烤肉的最好伴侣不是任何一种饮料或酒，而是一碗香喷喷的大米饭。把烤肉放在碗里，看着肉汁滴到晶莹剔透的米饭上，用肉轻轻裹起米饭，连肉带饭吃上一大口，甜鲜的酱汁和羊肉细嫩的口感，只有淀粉的魅力才能衬托出来。迫不及待的人只嚼上两口，就狠狠吞了下去，继而，一种矛盾的心理油然而生——既有特别的饱腹满足感，又有意犹未尽的饥饿感，两种感觉持久交织在舌尖和心里。

那薄切的是羊肉卷，也就是日本人说的“Lamb Roll”，一片片薄如蝉翼，遇见火炉会立刻卷曲起来。卷曲的羊肉卷，有一种独特的韧性，如同傲娇的小姐，紧紧地抱住她的礼物——酱汁。弹牙的口感让人对米饭更加渴求。

还有那羊肩肉，有着独特的大理石般的花纹，带着特有的结缔组织，咬劲十足。药草羊肉（Herb Raw Lamb）是成吉思汗烤肉中的异类，其实就是日本人说的“味付け肉”。和“生ラム”不同，厨师把烤制和蘸酱汁的顺序颠倒一下，先把生肉用酱油、味噌、盐等调味料细细腌制，然后连酱汁放到锅上。用酱汁处理过的药草羊肉和一般蘸着酱汁的羊肉有着不同的风味。在炉火的催动下，羊肉表面的酱汁渗透入肌理，每吃一口都能感受到酱汁独特的冲击力。

但是最可遇不可求的，是那份传奇般的羊架，厚实的羊肉上连着一条长长的大骨头，其精髓在于骨肉相连之处的那一段组织。用你的牙，向着骨头和肉之间的位置咬下去，丰厚的汁水瞬间爆出，填满了齿颊。对它最高的敬意，就是大口吃掉肉以后，连骨头上的结缔组织也一并啃了，再把骨头嘬上三四遍。将肉从骨头上撕离的那种快感，唤醒了人的本能欲望，增加了食肉的冲动。或许这种限量供应的羊架，才是最符合“成吉思汗”这一名字的配置。

所以，旭川人吃成吉思汗烤肉，不会和五郎一样，用牛肉对付。

吃羊肉是北海道人又一项自豪的爱好，这是许多日本本土人没有的爱好。

在日本，羊的因素少之又少。在奈良正仓院，保存着一件距今1200多年的屏风，这件羊木蜡缬屏风上画着一只硕大的羊，羊头上长着两只卷曲的角，身上布有漂亮的几何花纹，特别是脖子上有用几何图案组成的飘带样子。

羊木蜡缬屏风是日本的一件国产货，不过，当时的工匠并非看着真实的羊来绘制这件屏风的。屏风上羊和树组成的图案在西域和中亚很常见，有个固定的名字“羊树锦”。大角羊的形象，在今天中亚撒马尔罕地区的遗迹壁画中就有发现。这种大角羊和琐罗亚斯德教（拜火教）信仰有着密切的关系——羊是琐罗亚斯德教中的战神乌鲁斯拉格纳（Verethragna）的化身之一。所以，日本工匠是照着从西域经由大唐传来的织物纹样，依样画葫芦画了这只羊。

《日本书纪》记录说推古天皇七年（599），百济使节献有两头羊。羊能作为礼物被进献，说明日本人并不经常养着羊。在漫长的时间里，日本人并没有把羊当作一种常见肉食，直到现在，仍有许多日本人尚不接受有膻味的羊肉。

而北海道人吃羊，还得追溯到近代的明治大正时期。为了“文明开化”，明治政府从上到下开始提倡西洋的生活方式，包括吃肉。明治天皇就身体力行，率先吃牛肉。但是吃羊肉和牛肉又有所不同，毕竟不是每一个人都能接受羊肉的独特风味。

大正七年（1918），北海道羊肉产业的契机来了。这一年，为了满足军队警察制服的需求，日本政府决定在北海道的泷川、札幌、月寒等地开设羊的养殖场，力求实现羊毛自给。短短几年间，北海道地区成为日本最大的羊养殖地，养殖了日本将近一半的羊。那么多羊，在取毛、取奶之余，自然也可提供肉食，满足人们的口腹之欲。于是，出于“养都养了，别浪费吧”的心理，北海道人开始开发花式吃羊方法，今天我们吃到的成吉思汗烤肉，并不是什么历史悠久的料理，也挂不上源义经这样的英雄人物，很可能就是一道历史不到百年的新料理而已。

其实吃羊肉的方式，日本本土的关东人比北海道人研究得更早一些。在 20 世纪 30 年代，东京周边的长野县、岩手县、千叶县等地也都有羊出产。人们发现，用苹果汁腌制，可以掩盖掉羊肉的腥膻味。1936 年，东京都开了一家叫“成吉思庄”的羊肉料理店，被视为成吉思汗烤肉的滥觞。而北海道第一家成吉思汗烤肉店，是战后的 1946 年开设在札幌的精养轩。

不论怎样，作为日本产羊大户的北海道，具有得天独厚的资源优势，当地人真心热爱着羊肉，把羊肉做成极致的料理，让羊肉成为北海道乡土料理的代表。当我们今天在北海道吃着鲜美而又没有膻味的烤羊肉时，也该由衷感谢发明和改进烤肉方式的一代代先辈，感谢他们赐予我们如此美味的食物。

说到这儿，想到从遥远的古时开始，浙江一带就是产羊嗜羊的地方。日本平安时代的朱雀天皇统治年间（930—946），吴越国商人蒋承勋数次来到日本，献羊作为礼品。百济使节献羊几个世纪以后，羊依然是一种珍品，在不产羊的日本，这些羊估计会被秉持“不杀生”理念的日本朝廷公卿当作珍奇动物圈养起来，从而幸运地寿终正寝吧？

真浪费啊！

四、小樽的海胆饭

要说北海道人气第一的城市，小樽当仁不让。这很大程度上是因为著名导演岩井俊二的那部纯爱电影《情书》，一句“お元気ですか”（你好吗？）让这个文艺的城市名声大噪。

初到小樽，一种翻阅旧书的感觉扑面而来。它的封面是一座略显残破的车站，车站的月台上，一个不起眼的角落里，竖立着一块斑驳的站牌，站牌上的“小

小樽海胆鲑鱼子饭

带着鲜甜味擅长慢慢侵略的海胆，
和带着咸鲜味擅长爆破作业的鲑鱼子，
这一对儿一静一动，搭配在一起，如同
战国时代的武士，疾如风，徐如林，
侵略如火，不动如山，简直就是天作之合。

樽”和日文“おたる”、英文“Otaru”都已经染上了锈迹。

这里是北海道最早开发的城市之一。在不大的城市里，还保留着一条废弃的铁道线——手宫线铁道。明治十三年（1880），札幌到手宫（小樽）的铁路开通，北海道有了第一条铁路。在两座城市之间修建铁路，肯定是因为有经济需求——小樽是当时北海道最重要的港口，北海道出产的煤炭，就是顺着这条手宫线铁路，从北海道的核心札幌直达小樽的，停泊在小樽港的船只，会将煤炭运往急需能源的日本各地。

时光荏苒，手宫线铁道早已停运，今天，这条铁轨成了小樽旅游景点的一部分，静静卧在城市的草丛中，诉说往日的沧桑。沿着铁路线一直走，越过布满明治大正风欧式建筑的银行街，在小樽运河畔，有一列充满历史感的仓库，那是小樽港口曾经繁华的象征。乘着船只从运河上低矮的桥洞中穿出去，就能看到海。

靠海的城市，食物自然来自海里，小樽人，从海里获取一种有趣的食材——海胆。来到小樽，一定要吃上一碗海胆饭（ウニ丼）。

说海胆有趣，首先是因为它带着那么一点情色的意味。当然，小樽这个城市，从来不欠缺情色的元素，英国著名作家 D.H. 劳伦斯所创作的那部著名的小说《查泰莱夫人的情人》，就是一位小樽人将它翻译成日语的。这位叫伊藤整的小樽人，因为这部译作惹上了著名的官司。1950 年，日本小山书店出版这部著作后，立刻被警视厅查禁并以颁布猥亵出版物的罪名告上了法庭。

言归正传，海胆的情色意味在于：我们吃海胆，确切地说吃的是它的生殖腺，再确切点说，我们最感兴趣的那种黏稠的、软软的、凉凉的、呈现出漂亮黄色的海胆，是包裹在海胆生殖腺中的巨大的配子。因此，要捕捉到好的海胆，必须充分了解海胆的生殖习性。

海胆繁殖时节，由于阳光照射下的海水温度微妙变化，浮游生物活跃起来，吸引大批觅食的海胆慢慢聚集，一场狂欢派对随即展开。第一个雄性海胆小心翼翼地将精子释放到冰冷的海水中，顺着水流涌动。很快，周围的雄海胆如同被触发了机关一样，争先恐后地释放出精子。紧接着，雌性海胆从头上喷发出卵子。无数海胆的荷尔蒙气息在海水中飘舞，精子和卵子互相碰撞，一旦两者匹配成功，精子会在几秒内在卵子体内释放自己的DNA，孕育出下一代。

小樽海胆最肥美的季节就是夏季，6—8月的时节，准备性狂欢的海胆恢复了“元气”，它们的生殖腺，储备满满，不过，它们之中有一部分，会成为人类的盘中餐。

如果你觉得上面的描述比较倒胃口，我们就先把它从脑海里删掉，来侃侃海胆另一个有趣的地方。海胆有个很文艺的名字——亚里士多德的提灯（Aristotle's lantern）。它们是地球上最古老的生物之一，大概在四亿五千万年前就已出现。到亚里士多德生活的公元前3世纪，他看到的海胆基本上和今天没什么两样。亚里士多德是古希腊的知名博物学者，著作包罗万象，他在他的《动物史》中提到了海胆。从亚里士多德的描述看，他对海胆的结构已经有了清晰的认识。他描述海胆的口器中有五颗“牙齿”，包裹着中间的肉质物质——舌头、食道、胃，“牙齿”把海胆均匀分为五个部分，然后延伸至另一端的肛门处汇聚，构成一个提灯的形状。所以，后来的动物学家就把海胆的口器叫作“亚里士多德的提灯”。

但是，今天也有研究者指出，亚里士多德并不是把海胆的口器形容为提灯，这是一个误译。事实上，亚里士多德所形容的“提灯”指的是海胆整体去掉刺和皮的样子。所谓的“牙齿”，其实是支撑海胆整体的那五条骨片的末端。五条骨片就好像提灯的骨架一样，将海胆平均分为五个部分。如果把海胆取了刺去了皮，看起来就好像一盏古希腊的提灯。亚里士多德也是个很会形容的人呢！

这样有趣的海胆，要是做成食物，你吃不吃？反正许多来到小樽的人，都对这道海胆饭爱得如痴如狂。

在亚里士多德的故乡地中海，海胆也是一种受欢迎的食物。而全世界的人吃海胆的方式也大同小异，比如意大利人，就把海胆做成一道生吃的料理，或者是浇上点柠檬汁食用，还会用海胆来做各种酱，放到食物中调味。还有美洲人、新西兰人都在食用海胆，他们的食用方法大多相同——生吃，只浇上柠檬汁或者橄榄油。但是，全世界吃海胆最多的国家，还是日本，他们消费了全世界八成的食用海胆，以至于引发了人们对海胆数量的担忧。其实，人们对海胆的热爱很容易理解，打开了外壳的海胆只要放到桌上，就足以引起一场狂欢。金黄色犹如蟹粒一般的海胆能迅速吸引筷子，来一点酱油提味，那清爽的带有淡淡海香的鲜味便直击味蕾。

海胆饭据说发源于北海道北部的礼文岛，但是由于小樽具有天然良港的优势，海胆们在这里集结，所以海胆饭就成为小樽的一道特色美食。这里的海胆，大部分来自北海道西部和北部。整个北海道岛屿近似一个三角形，积丹半岛是北海道西部伸入日本海的一个角，从这个半岛开始向北直到礼文岛的一大片水域，是海胆的重要产地。

为了保护海胆，北海道各地根据海胆的繁殖区设立了禁渔期，一年中只有短短几个月可以采收海胆，而小樽一地的6—8月，海胆正当时令。北海道的海胆，大部分是紫海胆，它的可食用部分呈现出漂亮的淡黄色，日本人将它叫作“白海胆”。还有一种更贵重的，称为“虾夷马粪海胆”，外表好像一坨马粪，但是不要被这个名字吓到，剥开来，里面露出的是橘红色的诱人美味，所以，它又得了个“赤海胆”的俗名。

在小樽寻找海胆饭，就沿着运河一带走，在那平常的小巷子里，制作海胆的商家会不经意地出现。小樽的海鲜，崇尚新鲜，料理店的橱窗里琳琅满目地陈列着各种食物的模型，惟妙惟肖，吸引来此寻味的饕餮客驻足。判断一家店好不好吃，最简单的办法就是看门口排的队伍长不长，一家排队排上一个小时才能吃到一份饭的店，基本难吃不到哪里去。

经过漫长的等待，海胆饭终于上了桌。其实，海胆饭的做法非常简单，一大碗饭掩藏在一大片海胆下，上面是精致的海苔条，还有那一小勺配饭的芥末，害羞地躲藏在碗的一边。吃海胆饭的时候，千万不可以操之过急，先拿起桌子上的酱油，淋在海胆上，然后轻轻挑起一点芥末，用米饭裹挟着海胆和芥末一起送入口中。舌尖首先感触到的是还有海水咸味的一丝冰凉，海胆颗粒带着鲜甜在口腔里慢慢浸润，很快，裹挟着的山葵爆发了威力，它所含有的异硫氰酸酯带来了刺激的味道。值得一提的是，国内许多寿司店用的牙膏状的绿芥辣，里面装的是芥末的“山寨货”——辣根，而正儿八经的芥末——山葵比辣根更为温柔，没有那一瞬间直冲脑门的狠劲。但是，奇怪的是人对米饭的渴求却因此而增长，粒粒分明的大米由于淀粉和唾液作用，产生了甜味，中和了芥末的刺激，反衬了海胆的滋味。嗯！这是一个很好的开始，接下来，大口大口用米饭就着海胆吃下去吧！

仅有海胆的饭，吃的是纯粹。在北海道，还有一种比海胆饭更为“奢华”的饭——海胆鲑鱼子饭（ウニイクラ丼）。鲑鱼，是一种季节性的洄游鱼类，栖息在北海道附近的鄂霍次克海和日本海中。幼年的鲑鱼在经过 6 年左右的海洋生活以后就会成熟，返回它出生的淡水河产卵。北海道的诸多河流，都是鲑鱼的产卵地，因此有着丰富的渔业资源。鲑鱼子，是鲑鱼卵巢中还未产出的子。剥离卵巢膜以后，会得到如同红宝石一般晶莹剔透的球状子，日本人将它叫作“イクラ”，这个词语来自俄语的“икра”。俄国人是吃鱼子的高手，他们的鱼子酱名扬四海，日本人从俄国人那里学到了鲑鱼子的保存方法。最早在大正时代，北海道的桦太厅水产试验场借助俄国技术，尝试用盐腌渍的办法保存鱼子，而今天，日本人更倾向于用他们最爱的海鲜调味品——酱油来腌渍鲑鱼子。

吃鲑鱼子有一种很奇妙的感觉，把一小粒鲑鱼子放到嘴里，千万不要用牙咀嚼，而是将你的舌头轻轻上抬，用舌尖和上颚微微挤压，感受晶莹的鱼子“啪”一下被挤破的快感。瞬间，一股咸鲜的汁液在嘴巴里爆裂开来，弥漫口腔。要是鲑鱼子和海胆同食，这感觉就更奇妙了，带着鲜甜味擅长慢慢侵略的海胆和带着咸鲜味擅长爆破作业的鲑鱼子，如同战国时代武田家的武士，疾如风，徐如林，侵略如火，不动如山。这一静一动的搭配，真是天作之合。

传说吃海胆能“以形补形”。这种传闻的依据非常直白——我们吃的海胆，不就是海胆的生殖腺吗？剖开一只海胆，除了一套消化系统，最显眼的就是那硕大的生殖腺了，这是对“食色性也”最好的诠释。看着海胆在海里尽情散发荷尔蒙，很多人理所当然地认为吃海胆可以“以形补形”。遗憾的是，其实大多数类似海胆这样的食物——秋葵、泥鳅、韭菜、萝卜……它们的所谓“功效”都来自美丽的误会。最好的“情药”，其实是对另一半的爱欲，难道不是吗？

五、旭川的酱油拉面

要说在北海道吃得最爽的一碗拉面，还得数旭川的那一碗酱油拉面。

对许多人来说，旭川是旅行的“中转站”，从旭川去往著名的动物园——旭山动物园，或者热门景点——富良野、层云峡，都要经过一段舟车劳顿的旅途。游玩结束，饥肠辘辘回到旭川，最想吃的，就是一碗热腾腾的面。因为，即便是在8月，北海道的傍晚也带着一丝寒意。

从旭川站出来，走在站前的大路——二条通上，在一片鳞次栉比的高楼间，有一家显眼的小店，它的红色暖帘上写着黑色的店名和大大的平假名“らぅめん”（拉面）。这家名叫“青叶”的拉面店，是旭川最古老的一家拉面店，它的历史可以追溯到昭和二十二年（1947），是战后第一批制作旭川拉面的店，至今已经传承了三代之久。在这里，能尝到旭川老铺酱油拉面的味道。

青叶的店面不大，狭小的区域里，一大半空间被厨房占据，厨师就在顾客的注视下从容地煮着面条，让人特别安心。吧台连着座位，只有能容纳不到20人的空间，门口放置了一条小长凳，供顾客等位。一碗面，从下锅到吃完，最多不过半小时，所以在不大的店面里，只要是饭点，就显得特别忙碌。小本经营，却保证了每一碗面都是细心做出来的。

青叶也是非常有个性的店，夏季工作日营业到晚上七点半，周末仅仅营业到晚上六点半，绝对不开“午夜场”，而早上则在九点半才慢悠悠打出暖帘来。让人不由得猜测老板是一个早睡晚起，会享受生活的人。

旭川的拉面，是以酱油拉面为招牌的。1933 年，札幌的中华料理店“竹家食堂”在以酱油拉面为特色走红后，在旭川开出了一家分店，名叫“芳兰”，从此就把酱油拉面带到了旭川。三年以后，一个叫千叶力卫的人，在旭川的八条开了家拉面店。据说千叶是从小樽学的拉面技术。在一碗荞麦面卖 10 钱的年代，千叶将一碗拉面卖到了 20—25 钱的价格，体现出了他对自己技术和味道的充分自信。

后来，在札幌拉面开始以味噌拉面为招牌后，旭川仍执着地保存着酱油拉面的特色。酱油拉面，另一种写法写作“正油ラーメン”（正油拉面），或者叫“中华そば”（中华荞麦面），名字中透露着一丝“爷才是正统”“本宫才是正房”的自豪感。

而到了战后，为了延续已经断绝的拉面文化，旭川在 1947 年创立了两家拉面店，一家就是青叶，另一家叫蜂屋。在今天，要品尝到旭川老铺拉面的味道，就要去这两家店。

旭川老铺拉面的味道，得益于旭川这个城市优越的地理位置。这个北海道仅次于札幌的第二大城市，其实比札幌更“北海道”。城市的周围是连绵的雪山，冬季以层云峡的雪景闻名于世，而城市就坐落在北海道中央的上川盆地，石狩川、牛朱别川、美瑛川等数条河流在城市中交汇，带来了来自雪山融水的充沛水源。优质的水为一碗上等面汤提供了好材料。而盆地中的旭川虽然不靠海，却有着四通八达的交通网络，连通道北、道南、道东、道西的交通线在此汇聚，这种“中转站”的有利条件使得旭川人可以轻易获得来自全道的海产品。“旭川并不生产海鲜，这里的人只是大自然的搬运工。”城市周围的牧场上，饲养着供应全道的猪、牛、羊。丰富的物产，滋养了拉面丰厚的味道。

所以，旭川老铺的拉面汤，讲究的是“W-Soup”（Wスープ）。在汤的熬制手法上，旭川人有着不同于札幌人的方式，他们熬面汤，除了猪骨以外，还要加入海鲜、鸡骨、蔬菜等多种材料，创造丰富的口感层次。以青叶为例，青叶的拉面汤是用猪骨、鸡肋搭配上昆布、鲣节、煮干和蔬菜熬制的。猪骨和鸡肋为汤汁提供最关键的成分——丰富的胶原蛋白，这是汤汁紧紧吸附在面条上的秘密。而海产品，为汤汁提供了特殊的鲜味。

昆布是日本人最喜爱的海产品之一，这种海洋生物，除了补碘以外，还能提供一种独特的风味。日本人喜欢昆布到什么程度呢？据说日本人开始吃海胆，就是因为海胆和人类有同样的食谱——昆布。所以海胆成为盘中餐，或许是因为日本人经历了“救救那些昆布吧”到“哎！这东西也挺好吃的”这一心态转变。

鲣节是另一种“尤物”。鲣鱼是太平洋里比较常见的一种渔获，海洋中的鲣鱼能够长到1米长、20公斤重，肉质肥厚，鲜味十足。从古代开始，鲣鱼就是日本人喜爱的美食。江户时代的人对每年夏季的初鲣，也就是第一批从海里捞上来的鲣鱼趋之若鹜。歌舞伎演员中村歌右卫门在文化九年（1812）花了三两金买了一条初鲣，放到今天，应该就是一个流量大明星一掷千金用普通老百姓一个月的收入买下了渔船里最早最大的一条鱼的事件。

然而，对于热爱鲣鱼的日本人来说，如何保存它是一个大难题。于是从古代开始，日本人孜孜以求保存鲣鱼的方式。特别是设在京都的朝廷，公卿们垂涎于鲜美的海味，又不愿意冒险去海边，就期待着海边的人将鱼制作成鱼干进贡进京。日本人早早发现干燥和发酵能让鲣鱼肉的性质改变，从而达到长期保存的目的，无意中，也让鲣鱼有了新的风味。处理鲣鱼，首先要切去头部，去除内脏，然后切割定型，煮熟拔刺。煮鱼的汤汁也是一大美味，绝不可弃。煮熟的鲣鱼会挂在火上烘，熏染上木头的香味。最后，在干燥的天气中晒干，收入阴湿的室内。在合适的温度和湿度下，霉菌默默地工作着，把鲣鱼自身含有的蛋白质不断分解，产生具有独特鲜味的肌苷酸，而鲣鱼肉也慢慢变得坚硬异常，需要动用刨子才能从上面刨下木屑一样的鱼花来。所以，鲣鱼的“鲣”字，是“鱼”加上“坚”，形容的就是这种鱼“熟成”以后的属性。

经过复杂工序制作的鲣鱼，是难得的美味，把鲣鱼花放在一碗米饭上，做成“猫饭”，能把隔壁家猫都馋哭了。

煮干，是日本人做“出汁”的秘方，也就是许多家猫爬到高处想要偷吃的小鱼干。煮干的原料是青鱼，即各种成群结队在太平洋日本海中遨游的小鱼——沙丁鱼、凤尾鱼、鲱鱼等，它们个子不大，但是在干燥处理以后，便蕴含着无限的能量。一点儿小鱼干，只要浸泡在水里一晚上，或者放在开水中煮上一段时间，就能得到一碗鲜美异常的汤。

猪骨、鸡肋，加上昆布、鲣节、煮干，配合蔬菜调味，使得这一碗面汤和一般拉面店的面汤很不一样。经过长时间的小火慢煮，各种材料在汤里发生复杂的变化。猪骨和鸡肉熬出的乳白色的汤汁，反复去除浮沫，慢慢澄清。鲣鱼和煮干里浓缩的鲜味，在一大碗猪骨汤里放肆地释放着。再加入一小勺猪油，动物脂肪的油脂轻轻漂浮，漂亮的油膜封住了汤汁的热量，即便在温度零下的冬季，也能保证把一碗暖暖的面端到顾客面前。酱油，用咸鲜味为汤汁增色增香，使面汤最终呈现出透亮的金色。

清澈见底的“W-Soup”是旭川拉面的特色，也是旭川拉面完全不同于其他城市的白汤拉面的标志，这种制作方法是旭川拉面传统匠人引以为自豪的招牌。

在面汤里，加上如吸水的龙一样的中细面，几块肥而不腻的叉烧肉，一把鲜嫩得能掐出水来的鲜笋，再撒上少许葱提味，碗边摆上一大片海苔，这样一碗诱人的热腾腾的旭川拉面便是清冷的傍晚最好的治愈剂。

所以，传统的旭川酱油拉面吸引了许多人光顾，旭川两家开业最久的店——青叶和蜂屋，墙上都挂满了名人来访时的签名或照片。日本前首相中曾根康弘和麻生太郎也曾经品尝过旭川拉面，并且赞不绝口。

如果你觉得旭川拉面只有酱油味，那就错了。今天在旭川最热门的拉面店里，味噌拉面同样火爆。口味清淡的旭川人，制作味噌拉面也不像札幌人那样“下手狠重”，而是更注重凸显味噌本身的味道，让味噌特有的香味在白汤中弥漫。能品尝到食材最纯粹的味道，这是许多来到北海道的人爱上旭川拉面的理由。

旭川拉面另一个惹人喜爱的地方是它的人情味儿，即便到了快打烊的时候，做了大半辈子拉面的师傅脸上仍然写满了认真，手上的活计一点也不含糊。当一碗拉面吃到见底的时候，碗底还印着一个大大的“感谢”。在青叶拉面店，店主一直收藏着几十本厚厚的顾客留言，上面有来自全世界的游客用各种语言写满的对拉面的喜爱之言。一碗面，拉近了不同文化背景的人们之间的距离。美食，能突破语言的障碍，能跨越地域的距离，带给不同的人同样的温情。

六、函馆的活乌贼舞蹈饭

一部日剧中，有一个很倒霉的男子，他说他一生之所以倒霉是因为他们家族做了缺德事。他的父亲是一个卖章鱼丸子的小贩，为了节约成本，他父亲卖出的每一串章鱼丸子里，总有那么一两颗里面是没有章鱼的。因为他父亲做的这件缺德事，他从此以后遭了报应：吃包子没有馅儿，吃方便面没有料包，当然，吃章鱼丸子也经常没有章鱼。

有人可能觉得，不就是章鱼丸子没有章鱼吗？多大点事！但是，当你真的咬开一个热腾腾的章鱼丸子，却赫然发现里面竟然是空的，那种愤怒和不解就别提了！没有章鱼的丸子，凭什么叫章鱼丸子！直接叫面粉团子不就得了！

对于未知，人类总是充满恐惧。章鱼丸子就是那种不确定的恐惧，在咬开之前，你永远都不知道内芯里等待你的是什么。

函馆活乌贼舞蹈饭

当这道“最直接”的料理被端上桌的时候，乌贼触须尚在抖动，如同挥舞着干戚与命运抗争的刑天，也如同一位在刀尖上跳舞的孤独舞者。

其实，章鱼本身就是一种让人充满未知恐惧感的生物。在著名的克苏鲁神话中，克苏鲁（Cthulhu）这个旧日的支配者，就长着一个标志性的章鱼脑袋，他困睡在海底一座叫作拉莱耶的古城，等待着下一次的苏醒。在潜意识中，克苏鲁用他的心灵感应召唤着他的邪恶信徒。

克苏鲁的形象很符合人类对深海的想象，在深海中张牙舞爪伸出触须的生物，简直就是那个未知世界最好的象征物。换个角度说，征服深海也是人类梦寐以求的目标，就好像渴望获得克苏鲁的力量一样。

除了章鱼，乌贼也是人类恐惧的源头之一。据说大王乌贼可以长到惊人的 20 米，它是传说中的挪威海怪克拉肯（Kraken）的原型。在冲绳的美丽海水族馆中就摆放着一只巨大的乌贼标本，它是 1994 年 8 月在冲绳县附近海域渔获的，被捕捉的时候，它甚至还是一只活物。这么巨大的乌贼，证实了克拉肯并不仅仅是一种传说。在北大西洋和北太平洋深海中，真的有长着巨大触须和硕大脑袋的生物存活，为许多文学作品提供了最佳的素材。

在浩瀚的大海中，阳光所能照耀到的最深处是海平面以下约200米，这一层是人类最了解的海洋。而大王乌贼生活在更深层的200—400米处，恐惧就源于对黑暗和对海洋的未知。然则，在凡尔纳的《海底两万里》中所出现的大王乌贼袭击船员的故事，在现实中基本不可能发生。看起来硕大无比的大王乌贼，在海里却并不处于食物链的顶端。以头足类动物为食的抹香鲸能很轻松地把它们变成自己的腹中美食——只要一个“拖离”，将乌贼拖出它赖以藏匿的深海，水压的变化就足以要了乌贼的老命。其实大部分的乌贼都不会有大过抹香鲸的变态体形，所以只能牺牲自己，成为别人的卡路里。

乌贼为什么叫乌贼呢？《本草纲目》里提到乌贼的时候，引经据典给了个玄幻的解释：“（乌贼）能吸波噀墨，令水溷黑，自卫以防人害。又，《南越志》云：‘其性嗜乌，每自浮水上，飞乌见之，以为死而啄之，乃卷取入水而食之，因名乌贼，言为乌之贼害也。’”意思是说，乌贼吸收海水吐出墨汁，所以得了个“乌”的名字。它经常在海面上装死，吸引乌类尤其是食腐的乌鸦啄食，趁机把乌捉入水中吃掉，所以它对乌鸦来说是一大“贼害”，因此得了一个“乌贼”的“雅号”。而在古代解读文字的书籍《尔雅翼》中，乌贼更是被罩上了一层神秘的面纱，书中称：“九月寒乌入水化为此鱼。”且不说乌贼并不是鱼，寒乌入水化为乌贼，怎么看都是神话故事。从这些天马行空的幻想可以看出古人其实对乌贼这种神秘的生物并不了解，因此才演绎出种种神奇的故事。

在道南最重要的城市函馆，可以获得和乌贼亲密接触的机会。因为，乌贼可是函馆的“市鱼”，虽然乌贼并不是鱼。

气派的函馆站旁，有一处占地达 1 万坪的方形建筑，里面密密麻麻布满了 200 多个店铺。这个建筑有个名字，叫函馆朝市，出售函馆最新鲜的海鲜和最具特色的各种产品。在这里，穿着淳朴的店主在门口摆开了水缸，颜色鲜艳的雪蟹和帝王蟹把箱子挤得满满当当，高举起它们的钳子向每个路过的人示威，全然不顾待会儿就要成为盘中餐的命运。也有店铺在门口放着一个水族箱，里面有一件萌物——体长大约 30 厘米的乌贼。每只乌贼都有一对无辜的大眼睛，炯炯有神地瞪着外面同样瞪着它们的人，然后十条华丽的触须傲娇地一挥一收，整个身体滑稽地向后退去。这种看起来有点可爱的生物，在函馆却有一种略显“残忍”的吃法——活乌贼舞蹈饭（活イカ踊り丼）。

不知道函馆朝市里是谁家最先发明了这种吃法，反正在函馆朝市中，有好几家店铺都在门口招揽客人的位置放置着活生生的乌贼，在菜单最醒目的地方写上了“活イカ踊り丼”的诱人字样，还配上一幅乌贼张牙舞爪在米饭上跳舞的照片。

吃活乌贼舞蹈饭，最好是坐在餐厅的吧台，可以近距离地看着料理圣手如何把乌贼大卸八块。在“割主烹从”的日料世界里，观看厨师的技艺是一种特别的享受。首先是捕捉乌贼，厨师助理会用一个大网兜，眼疾手快地从水族箱里兜住一只乌贼，多年的训练，使得在狭小空间里的乌贼甚少能逃脱那一网，而不幸落入网中的乌贼就只能面对上砧板的命运，毕竟，不是每一只乌贼都是大王乌贼。

切割乌贼是一个技术活，整个乌贼会被分割成两个部分，上层的那个占了乌贼身体一半以上的纺锤状物体其实是乌贼的躯体，这一部分要切下来，将支撑纺锤体的那根大骨头取出来。这根石灰质的骨头在中国古代医学界被当作宝贝，中医把它叫作“海螵蛸”，

《本草纲目》形容它“形似樗蒲子而长，两头尖，色白，脆如通草，重重有纹，以指甲可刮为末”。“樗蒲”是古代一种游戏，在樗蒲游戏中起到骰子作用的“五木”，长得就和乌贼的那根长长的骨头一样，所以也有人将乌贼骨拿来做装饰物。《本草纲目》记载了这根骨头诸多的功效，上治眼中浮翳，下治小儿下痢，是中医眼中的一味良药。

但是，作为饕餮客来说，我们更关心的是海螵蛸外面的部分。厨师在去骨以后，会将乌贼的躯体洗剥干净，去除黏液，细细切割成数厘米长的小段，每一段色若琼脂，洁白如玉，你甚至舍不得在它身上倒上酱油。这段羊脂白的乌贼肉，有着脆爽的口感，入口有韧性，咬出的汁液自带海鲜味，连李时珍都说：“（乌贼）以姜醋食之，脆美。”想必他老人家当时也是咽着口水写这一节的。

乌贼剩下的部分则要经过仔细处理，摘去墨囊，去除内脏，将十足摊开，覆在饭上。端上桌的时候，乌贼的触须尚在抖动，如同挥舞着干戚与命运抗争的刑天，也如同一位在刀尖上跳舞的孤独舞者。这道料理因此也有了“活乌贼舞蹈饭”的美名。

吃这一碗饭，其实需要有那么一点勇气，特别是端上来的碗里，一只白净的乌贼瞪着无神的眼睛看着你，时不时地舞动一下它的触须来显示它的存在感，你恐怕要踌躇一会儿才会有胆量下口。首先要跨过去的坎儿就是所谓“生吞活剥”的心理障碍。其实用不着紧张，经过料理后的乌贼肯定是一只死乌贼，和其他动物料理一样，你吃的还是它的“尸身”。

众所周知，无论是哺乳类，还是鸟类，一旦被砍了头，就呜呼哀哉了。但是如乌贼、章鱼这样的无脊椎动物，神经系统的集中程度不会那么高，呼吸系统、血液循环系统都没有那么发达，神经元也不像脊椎动物一样高度集中于大脑和脊髓。所以，乌贼即使丢失了大部分的躯体和内脏，触须里的神经系统在短时间内仍然可以“各自为政”，试图接管身体的控制权，因此，它在米饭中的舞动，其实是死亡时的挣扎，是一种神经反射。

所以，吃这样的乌贼是一种奇特的体验。首先要谨慎行事，轻轻地在乌贼身上浇上那么一点酱油，再抹上那么一点芥末，调料的刺激会让乌贼再狂舞一阵，更激发了食客征服它的欲望。轻轻抬起它的一条触须，小心地入口。哎！乌贼的触须吸盘非常抢戏，感受被牙切断的触须在齿间扭动的时候，有一种莫名的快感，从触须上还会掉落一些颗粒物在舌尖，增添了口感的丰富程度。而乌贼的躯干又有着截然不同的口感，它不像触须那么“顽固”，有嚼劲却不那么令人惊悚，符合李时珍说的“脆美”，搭配自带咸味的鲑鱼子和自带甜味的米饭，相得益彰。吃完这一碗饭，你将获得一个“克苏鲁征服者”的荣誉称号。

其实，活乌贼跳舞饭是一种另类的吃法，一般的海边城市，制作特色乌贼料理，并不会把乌贼洗剥得很干净。要知道，乌贼的墨汁也是一宝，见过最粗犷的一种食乌贼的办法，是给整只乌贼刷上一抹酱油就上锅蒸制，端出来的是一只面如阎罗老包、身似旋风李逵的墨鱼，咬一口就能给你戴上一副黑髯。而把墨鱼汁浇在饭上，做成墨鱼饭，则是另一种“神操作”。冲绳的国际通就有那么一家“家庭料理”，用砂锅蒸饭，浇上墨鱼汁。一钵油光发亮的黑米饭端上桌，立刻会被一扫而空。这个色泽，这个鲜味，能让馋嘴的孩子舔盆儿舔到一脸黑。

科学家对乌贼抱着浓厚的兴趣，如乌贼、章鱼这样的头足类生物，它们的触须里分布着大量神经元，使得每条触须都有强大的独立行动能力。1939 年，英国科学家霍奇金（Sir Alan Lloyd Hodgkin，1914—1998）和赫胥黎（Sir Andrew Fielding Huxley，1917—2012）用微电极技术研究枪乌贼，记录了跨神经细胞膜的电变化，进一步推动了生物电的研究，因此他们共同获得了 1963 年的诺贝尔生理学或医学奖。所以，别小看这一碗活乌贼舞蹈饭，这可是北海道最“科学”的一碗饭。

七、白色恋人的巧克力饼干

北海道的冬天，是白色的。

在某年冬天，北海道石屋制果的创业者石水幸安滑雪归来，他看到一对恋人手拉着手在雪地里走，惊叹道：“白色恋人从天上降临了！”于是，从 1973 年开始，北海道札幌的石屋制果开始生产一款巧克力夹心饼干，这就是后来风靡日本的白色恋人巧克力饼干（白い恋人）。

这个浪漫的故事被写在每一盒白色恋人巧克力饼

白色恋人饼干

某年冬天，在“日本最北之地”北海道的利尻山，“白色恋人从天而降”，此后，它就一直在人们心中纵火，直到点燃所有人的甜心。

干的盒子上，每个吃到巧克力饼干的人，都会读到这个品牌故事。

在日本，几乎所有的主要出入境机场——北到札幌新千岁机场，南到冲绳那霸机场，包括大阪关西机场、东京羽田机场……你都能在免税店里看到白色恋人标志性的盒子：在藏青色的盒子外包装上，印着雪花和北海道的地图轮廓；而在里面白色的盒子上，绘着一座美丽的雪山。吃了无数块白色恋人的人，对这个标志性的包装是再熟悉不过的了。

白色恋人盒子上的那座雪山，是北海道的利尻山。这座雪山位于北海道最北端的稚内。在稚内的宗谷岬，有一座写着“日本最北之地”的纪念碑，而利尻岛就在稚内这个日本极北之地的西边。日本人称呼这座山为“利尻富士”，用日本的标志性神山富士山来比拟这座山，足见日本人对这座海拔1721米的高峰的喜爱。这座雪山其实是一个岛屿，从海中拔地而起，矗立在距离稚内港一个多小时路途的海上。白色恋人的包装上之所以放这座山，据说是因为石屋制果的社长在登山时，感受到了瑞士的风情（事实上，瑞士是个多雪山的国度，去过瑞士的人，看到雪山想到瑞士非常自然），也想到了瑞士的特产巧克力，所以他把这座“北海道瑞士雪山”印在巧克力饼干的包装上，可以说很有北海道风情了。

白色恋人巧克力饼干，有一种老少通吃的魅力，它的盛世美味，燃烧了上到花甲老人，下到稚龄幼童的所有人的心，它是一款在人们心中纵火点燃甜心的果子。究其原因，在于它天才般的搭配。

一块白色恋人饼干，可以分成两个部分。中间的那一块，一般是白巧克力，确切地说，白巧克力并非巧克力。一般的巧克力是用可可制作的，而白巧克力是用可可中的油脂制作的，去除了可可中带有苦味的褐色成分。在制作白巧克力的时候，需要先将可可融化，分离出可可脂，再加入脱脂奶和白砂糖、香草增白增甜，最后制作成象牙色的固体巧克力。所以，白巧克力比一般的巧克力更甜，蕴含更多的卡路里，是减肥者的大敌。有趣的是，白巧克力在日本第一次出现就在北海道札幌。1967年，北海道一家叫“千秋庵”的点心公司引进并开始制造出售白巧克力，这家公司就是今天北海道著名的甜品企业“六花亭”的前身。

在“巧克力原教旨主义者”眼里，白巧克力绝对是巧克力世界中的“异端”，但在甜味和可可脂爱好者眼里，它却是至高的美味。好在，白色恋人还是给了人们选择的权利：夹着白巧克力的，是“白色恋人White”（白い恋人ホワイト）；夹着巧克力的，是“白色恋人Black”（白い恋人ブラック）。当然，傻瓜才做选择，理智的成年人素来都是“我全都要”！

而白色恋人中用来夹住巧克力的饼干，在日语里叫作“ラング・ド・シャ”，这个奇怪的日文名字其实是一个外来词，音译自法语的“langue de chat”，字面意思是“猫舌饼”，中文音译为“兰朵夏”。顾名思义，这是一种长得像猫的舌头一样，又薄又长的饼干。但是白色恋人饼干，却制作成了方形。饼干用的是和猫舌饼同样的配方和制作方法——蛋清、小麦粉、砂糖和奶油，经过烘焙，制作成薄片的形状，再夹上中间的巧克力。整个过程，工厂都会用自动化的机器完成，机械手臂的动作有条不紊，饼干和巧克力被切得整齐划一。看白色恋人的制作过程，能让一个强迫症极度愉悦、非常满足。

猫舌饼，带有浓郁的奶味；而牛奶，是北海道的骄傲。北海道号称日本的粮仓，日本12%的农业产值来自北海道。而在北海道的农业产值中，有37%来自乳业。日本人享用的牛奶有40%产自北海道。所以，打着“北海道牛乳”招牌的那些甜品店，至少名号没有打错。

说起来，北海道还是日本牛奶的发源地。1875年，北海道开拓厅就开发了“国产第一号欧洲风乳酪”，在北海道这片地广人稀的辽阔土地上，牛乳业很快兴旺发达起来。特别是第二次世界大战以后，美国牛奶产量过剩，大量的牛奶被做成了脱脂奶粉放在仓库里。被美军占领的日本就变成这些“难喝”的脱脂奶粉的最好去处，它们成为战后初期日本学校的供餐。同时，进口的大量美国面粉也被做成面包提供给学生。于是，学生培养起了面包加牛奶这一西式的膳食习惯。后来，由于难喝的脱脂奶粉口碑极差，加上美国自身供需调整，脱脂奶粉从日本学校供餐中消失。但日本整整一代人因此被培养起了喝牛奶的习惯，使北海道的牛乳业在战后焕发了新的生机。

猫舌饼和巧克力有一个共同的特点，就是在常温下并不会融化，可一旦进入口中，就会在唾液的作用下慢慢溶解。三层的饼干仍然是薄薄一片，用嘴轻轻一抿就能掰下一小块来，甚至不用动用牙齿。品尝这一小块饼干，首先感受到的是饼干在嘴里慢慢化开，烘焙的香味，挟带着糖分在唾液的作用下弥漫开来。接着，白巧克力带着独特的油脂感开始它的表演，慢慢反客为主，将饼干的味道反向包裹起来，用它霸道的甜味侵占嘴里每个角落。很快，随着唾液，饼干带着巧克力慢慢在嘴里消失了，只有齿间残留的那一丝甜，证明它曾经来过。

如果要说和白色恋人最搭的一款饮料，大概就是咖啡吧。在札幌西区宫之泽石屋制果公司所在地，特别建设了一座白色恋人公园，仿欧式的庭院和建筑吸引着众多游客前来打卡。在这里的咖啡馆，可以享受一次悠闲的下午茶。一杯咖啡，两块白色恋人巧克力饼干，听着对面钟楼里整点的音乐声，仿佛穿越到童话里的世界。咖啡带有一种独特的苦味和烘焙味，正好中和了饼干的甜味。先咬上一口饼干，再呷上一口咖啡，苦味和甜味在嘴里慢慢混合，咖啡液体慢慢浸润饼干，逐渐让饼干糊化，在舌尖铺开。这可能是一天中最闲适的时光。

从巧克力饼干衍生开去，白色恋人还有不少变化。

“白色恋人公园”将夹在饼干中的巧克力做成了冰淇淋，放置在蛋筒里。这是一种“投机取巧”的做法，但是，在室外雪花纷飞的时刻，没有比在温暖的室内吃上一个巧克力甜筒冰淇淋更爽的事情了。

2010年7月，在日本大阪等地，一款全新的产品面世了，它的包装和白色恋人非常像，只是把“利尻山”换成了“大阪城”，上面还写着“大阪新名物”的字样，而产品的名字和白色恋人只差一个字，它叫“面白的恋人”（面白い恋人）。“面白い”是东野圭吾笔下的神探伽利略的口头禅，意思是“有趣，好笑”。“好笑的恋人”，这种打擦边球的游戏，白色恋人最讨厌了。于是在2011年11月，石屋制果一纸诉状把制作发售“面白的恋人”的三家公司告上了法庭，根据它们出售获利情况，要求判决对方商标权侵害，赔偿一亿两千万日元。不过，最终该案以和解告终，“面白的恋人”被要求改变包装图案，销售区域仅限于日本关西的六个府县。

但是，“面白的恋人”并不是唯一的山寨货，在日本各地，还有各种各样的“恋人”出没，更别说在海外了。模仿白色恋人的山寨货层出不穷，从侧面也说明人们对这款点心的喜爱之情。

白色恋人，是一款一直被模仿，却从未被超越的巧克力饼干。

八、札幌的一杯啤酒

在大英博物馆“一百件文物讲述世界历史”的展览中，有一块书写于公元前3000年的写字板。这块发现于今天伊拉克南部区域的写字板是一块写满了古代两河流域所使用的楔形文字的泥板，上面的文字分为三行，每行四个格，格子里用象形的符号绘着人、碗和尖底的罐子。这是古代两河流域人用来记录啤酒分配的一本账本。直立的尖底罐子代表啤酒，而每个人头边放置的酒碗代表分配给这个人的数额。

这块泥板说明，早在距今5000年前，人们就开始用啤酒这种“爽物”犒劳辛勤劳作的工人了。在古代两河流域的炎热天气里，经过一场大汗淋漓的劳动以后，突然来上一碗爽口的啤酒，会感到每个毛孔里既凉爽又通透。

虽然今天的人们知道，啤酒是“痛风套餐”的一员，

北海道啤酒

坐拥大麦和啤酒花两大酿酒"神器"的北海道人，要是不做出一杯像样的啤酒，都对不起那恰到好处的自然环境。

它的嘌呤让人痛苦不已，但是人们就是忍不住喜欢它。它那麦芽般金黄的色泽，它那雪花般洁白的泡沫，只要倒在杯子里就让人激动不已。在人类发明碳酸饮料这样的“肥宅快乐水”之前的漫长时间里，啤酒就是最能令人快乐的快乐水。

两河流域的周边区域是大麦的故乡，今天的考古发掘表明，大麦的驯化很可能发生在中东。位于今天叙利亚的阿布胡赖拉丘遗址具有非凡的意义。这个旧石器时代的遗址在 1972 年因为需要建造大坝而进行了抢救性发掘，在遗址中出土了一粒被驯化的大麦，说明至迟在距离今天 8500 年前，两河流域的居民已经开始有意识地驯化种植啤酒的原料——大麦了。

大麦从这里发源，然后沿东西两个方向向世界传播。古代埃及人和中东人首先用大麦制作面包，至迟在公元前 4 世纪的时候，大麦已经传播到了欧洲的意大利和希腊。而在东方，大麦沿着史前的青铜之路和远古的丝绸之路传来。在中国福建黄瓜山遗址中出现了最早的经过直接测年的大麦样品，距离今天 3000—4000 年。在由西向东传播的途中，西亚野生大麦的基因和青藏高原野生大麦的基因相融合，逐渐演变成了今天的栽培大麦，并且不断播撒，成为亚欧大陆上的流行作物。

人们很早就发现，大麦这种作物可以用来酿酒。最初发现大麦能制作啤酒的人，大概只是想把坚硬的大麦谷粒泡软，却不小心在里面混进了一点儿酵母菌，从而得到了一大桶黄澄澄的液体。然后有一个胆大的人尝了那么一口，于是人们便开始探索怎么样才能做出这样的快乐水。

啤酒的制作原理和其他发酵酒一样，就是把谷物中的淀粉还原为糖分，这个化学反应需要在酵母的协助下进行。许多酿造啤酒的人喜欢选择出产麦粒比较少的二棱大麦，因为这种大麦相较于普通的六棱大麦，蛋白质更少，更容易酿造。在发酵过程中，麦粒中的酶吸收氧气，降解糖分，从而产生酒精。这种手法，几千年来一直没有变化，在伊朗西部的遗址出土的陶器上还残留着公元前3400—公元前3000年之间酿造的啤酒，那个时候人们喝的啤酒已经和今天的几乎没什么大的区别了。

要说今天的啤酒和远古人类喝的啤酒的不同之处，恐怕就是啤酒花这种带着苦味的植物出现在了啤酒中。可以确定的是，啤酒花是因为被拿去做了啤酒，才被叫作“啤酒花”的，而不是啤酒因为加了这玩意儿，才叫啤酒。换句话说就是：先有啤酒，后有啤酒花这个名字。

啤酒花的种植，算得上是中国人对世界饮料界的贡献。这种原产于中国的植物在中世纪时期传入了欧洲，大约在公元8—9世纪，欧洲人发现了这种藤本植物的妙用——啤酒花里含有的啤酒花苦味素，也就是“阿尔法酸”，能让啤酒保存得更久，当然，也会给啤酒带来丰富的泡沫和一种难以形容的苦味。由于啤酒花带来的苦味不同，所以啤酒会呈现出不同的风味，人们用“国际苦度单位”（IBU）来衡量啤酒的苦味。阿尔法酸含量低的啤酒花，能给啤酒带来一种特殊的芬芳，但是却不能让啤酒保存更长的时间。反之，如果啤酒花里阿尔法酸含量高，所酿造的啤酒就更易于储存，但是却有一种许多人不怎么喜欢的苦味。然而也有人就是爱这种和麦芽香相得益彰的苦味，认为这种苦味才是啤酒最吸引人的味道。从736年德国巴伐利亚建立第一座啤酒花农场以来，啤酒花在旧世界和新大陆四处开花，极大地改变了啤酒的制造和储存方式。

人们为了保存啤酒，宁愿忍受啤酒花这种奇葩植物带来的种种不方便。啤酒花在栽种的时候就十分麻烦——它需要充足的阳光，需要绳子或竿子来顺时针缠绕它长长的藤蔓，也需要农夫不断在田里巡逻伐去雄性植株，防止它开花以后结种（毕竟，人们需要的是啤酒花，不是啤酒果或种子）。收获啤酒花的时候更麻烦——它的藤上有倒刺和小绒毛，会刮伤采摘人的皮肤，引发过敏，大量的啤酒花堆在仓库里会自发热引发火灾。将啤酒花加到啤酒里时也很麻烦——除了苦味，啤酒花还会带来一种奇怪的味道，被形容为“臭鼬的气味”。因为啤酒花里含有的一种化合物会在光照下分解，产生和臭鼬分泌物类似的化学成分。因此，很多讨厌啤酒的人把啤酒形容为“猫尿”，不仅因为颜色，还因为这种奇怪的气味。

尽管有这么多不方便之处，但有了啤酒花，人们至少能把一大桶一大桶的啤酒储存过冬，不会在春天庆祝的时候，或者在海上漂泊饥渴的时候，喝到变质的啤酒。就冲这一点，啤酒花就必不可少，种植麻烦，就勤快点；收获麻烦，就用机器；储藏麻烦，就做处理；口味不好，就忍忍吧。

北海道人审视了酿造啤酒所需的两种植物——大麦和啤酒花，赫然发现自己很适合做啤酒。大麦是一种顽强的植物，在许多寒冷的地方都能生长，比如欧洲的苏格兰，因为出产好大麦，才酿得好威士忌。大麦在冬季漫长的高纬度地区，为适应环境，会在麦粒中积累大量的淀粉，为酿造出好酒提供丰富的原材料。啤酒花则是一个对生长纬度要求苛刻的植物，只有在纬度 35° — 55° 之间的高光照地区才能茁壮成长，而且耐低温，零下 20 摄氏度的气温对啤酒花来说算不了什么，而北海道的纬度恰在 40° — 45° 之间。坐拥酿酒两大“神器”的北海道人，要是不做出一杯像样的啤酒，都对不起这自然环境。

北海道啤酒产业的开创，得感谢一位美国人。他的名字叫卡普伦（Horace Capron，1804—1885）。在今天札幌市中心的大通公园，还矗立着他的雕像。

霍拉斯·卡普伦出生于美国马萨诸塞州，他的父亲是个执业医师，还开着一家毛纺厂。因此他继承了家族的事业，进入毛纺行业。他在美国马里兰州开设毛纺厂，直到 1851 年不幸破产。但这个传奇人物很快找到了新工作，他被总统指派去得克萨斯州。美国人刚刚在对墨西哥的战争中获得了这个州，他们需要驱赶和易地安置在这片土地上生活的印第安人，对它进行开发。于是，卡普伦来到了伊利诺伊州。很快，美国内战爆发，卡普伦顺理成章地加入了北方的联邦军队。在这场长达四年的战争中，他失去了自己的儿子，也带回了一身伤。1864 年，他退出军队。战后，受美国总统约翰逊和格兰特任命，成为美国农业部的一名官员。

1871 年，卡普伦接受了北海道开拓次官黑田清隆的邀请，来到北海道。黑田清隆看中的是卡普伦丰富的经验：卡普伦从事过殖民开发的工作，而北海道的开发，其实和美国开发新的州有一定的相似之处。卡普伦还从事过农业行政工作，这对于地广人稀即将以农业为基础产业进行发展的北海道来说也是宝贵的经验。而反过来，卡普伦看中的是日本政府给予的巨额顾问金，曾经破产又经历战争的他，非常需要这笔钱来养家糊口。于是，从 1871 年 7 月到 1875 年 5 月，卡普伦在北海道待了将近四年的时间。他作为开拓使的顾问，踏遍了北海道的土地，提供了不少建设性的意见。其中一项重要的建议就是根据北海道特有的气候条件，发展大麦种植业。卡普伦在调查后认为，北海道的干冷气候和美国的一些大麦产区有很多的相似之处，种植大麦，正好能弥补北海道无法大规模推广水稻种植的缺陷。

为了鼓励北海道的垦殖民种植大麦，在卡普伦走后的1876年，北海道开拓使根据他的建议在札幌开设了“开拓使麦酒酿造所”。

啤酒这东西对日本上层而言并不陌生，早在江户时代后期，这种在来日西洋人中流行的奇怪饮料就引起了兰学者（因为在日本闭关锁国期间，和日本打交道的西洋人主要是荷兰人，因此西洋学问被称为“兰学”）的注意。喝惯了日本酒的兰学者，喝到啤酒的第一感觉并不那么好，但是他们给这个奇怪的西洋饮料取了沿用至今的日文名字：麦酒或ビール（荷兰语Bier的音译）。第一个真正开始酿制啤酒的，据说是日本的化学先驱川本幸民，他大概在1853年在自己家里玩了一次“私酿”，还请了一批朋友来试饮。如果这个传言是真的，从今天科学的角度看，这还真是一个大胆的举动。因为自酿酒的品质并不好掌握，而且川本的那批朋友，都是后来明治维新的元勋——桂小五郎、大村益次郎……万一喝出个集体食物中毒，明治历史都有可能改写。

真正开始在日本量产啤酒的，还是居住在横滨的外国人。1869 年，横滨出现了日本第一家啤酒酿造厂，是由在日外国人开设的。第二年，美国人威廉·科普兰（William Copeland，1834—1902）也在横滨开设了酿酒厂，名为 Spring Valley Brewery。后来，这家经营困难的啤酒厂被日本人接收，三菱财阀的岩崎弥之助和有“日本资本主义之父”之称的涩泽荣一、三井财阀的益田孝等成为它的股东，改名为 Japan Brewery Company，这就是今天著名的“麒麟啤酒”的前身。而北海道的开拓使麦酒酿造所，算是第一家由日本人开设的官办啤酒酿造厂，具有非常重要的意义。

这家由开拓使创办的官办企业，和其他官办企业一样，在 1886 年被便宜出售给了大仓财阀，改名为“札幌麦酒株式会社”。后来，为了和西方啤酒产业竞争，在政府主导下，札幌麦酒于 1906 年与日本麦酒、大阪麦酒合并，组成“大日本麦酒”。这家巨无霸企业几乎垄断了战前日本的啤酒生产业。在战后，大日本麦酒被重新拆分，1956年，延续了开拓使时代精神的札幌啤酒品牌重生，“サッポロビール”这一品牌重新出现在北海道的大街小巷里。这家有着百年传统的企业，在今天和朝日、麒麟、三得利等著名啤酒品牌分庭抗礼，相互竞争。

开创了北海道啤酒业的霍拉斯·卡普伦得到了北海道人的永久尊敬。其实，他的贡献不止于此。卡普伦还曾提议在札幌和室兰之间、森町和函馆之间建设道路，今天你在北海道自驾游的时候，不要忘记向这位北海道道路开拓者致敬。他还做了札幌的城市规划，并且建议渔业发达的北海道发展罐头产业。1877年，北海道建成了日本第一家罐头厂——“石狩缶詰所”，生产罐头封装的海产制品，开业的10月10日，被确定为日本的“罐头之日”。

在今天的北海道，几乎到处都能看到札幌啤酒的黄色星星标志和它那响亮的广告语：“原产地的味道：札幌啤酒”（“本場の味：サッポロビール”）。喜好海味的北海道人，丝毫不顾忌尿酸增高的风险，大口喝着札幌啤酒，大口吃着螃蟹海胆。在北海道的每一家饭馆，透明大玻璃杯里都斟满了泡沫丰富的札幌啤酒。来到北海道，就把顾虑抛开，痛快地享受一下“痛风套餐”带来的爽快感吧。

九、函馆的汉堡

北海道的所有城市中，函馆显得特别迷人，因为，它有着浓浓的异国情调。

贯通函馆这个城市的交通工具，是古老的有轨电车，行驶起来叮当作响。坐着有轨电车到十字街，下车以后向着函馆山方向走，走到函馆著名的元町和末广町的区域，一股明治时代的西洋风便扑面而来。这里，几乎每一幢著名的建筑，都有着“文明开化”的历史标签。

函馆是日本最早开港的城市之一。1853 年，美国佩里舰队到达日本，对锁国中的日本进行炮舰威胁，史称“黑船来航”。1854 年，佩里在神奈川的横滨（今横滨市）上陆，与江户幕府签订了《日美和亲条约》（《神奈川条约》）。条约规定：为向美国船只提供燃料、水、食物等补给品，日本须开放下田、箱馆（今函馆）两港。1858 年，美国驻日领事汤森·哈里斯

函馆汉堡

经历过料理界“明治维新”的洗礼，函馆汉堡锻造出了和这个西洋风港口完美契合的气质，可以说是“最函馆”的食物了。

（Townsend Harris，1804—1878）又和幕府签订了《日美通商条约》，要求幕府必须开放神奈川、长崎、箱馆、兵库、新潟五个港口和大坂、江户两市。1859年，箱馆正式开港，西洋人立刻拥入这个北海道南端最重要的城市。

位于元町的函馆开港纪念馆，前身就是英国驻函馆领事馆，1863年建成，经历过几次火灾后，今天留存的建筑是大正二年（1913）修复竣工的，已经有超过一百年的历史。旧英国领事馆附近有一座尖顶的教堂，便是著名的哈里斯特斯教堂（函館ハリストス正教会）。最早在函馆设立领事馆的俄国人，为了举行宗教仪式，传播东正教，在领事馆中建立了东正教教堂。1861年，东正教教士圣尼古拉（原名伊凡·德米特里耶维奇·卡萨德金，Ivan Dimitrovich Kasatkin，1836—1912）来到函馆，为最初加入东正教的三个日本人施洗，是为日本正教会之始。后来，一场大火烧毁了教堂。1916年，函馆正教会决定建立一座新的教堂，这就是留存至今的哈里斯特斯教堂，又称“主之复活圣堂”。这座具有拜占庭风格的教堂也逐渐成为函馆元町的标志性建筑物。

元町另一座尖顶教堂——天主堂则有更古老的历史。在江户末期的安政六年（1859），也就是函馆开港的那一年，法国天主教会就来到函馆传教，设立临时教堂。明治十年（1877），法国天主教会在这里建起了一座木制的教堂，后来在1907年和1921年两度被烧毁，又在1910年和1921年获得重建。今天的元町天主堂，就是1921年修建的一座哥特式风格的教堂，拥有一个高达33米的钟楼。

英国圣公会在1874年也派员来到函馆传教，1878年在元町建立了一座圣公会教堂。几经火灾以后，1936年，英国人在元町建造了平面为大十字形的教堂建筑，即为今天的函馆圣公会教堂（函館聖ヨハネ教会）。

众多的西洋建筑，为函馆这个城市增添了不少异国情调。在元町和末广町的建筑里，最有趣的是沿着海边修建的一排红色的房子。红色的砖墙顶着人字形的屋顶，在砖墙上，写着硕大的“森”字。这排红色建筑就是函馆著名的金森红砖仓库。仓库所在的位置，是旧时的函馆造船所，明治时期，人们把这一带叫“船场町”。

1869年，这里开出了一家名叫“金森森屋洋物店”的商店，出售西洋服饰等商品。1884年，森屋老板渡边熊四郎筹划收购靠海的一排仓库。这排仓库原本属于三井财阀的共同运输会社，1885年共同运输会社和三菱会社合并以后，就被弃用，渡边熊四郎趁机低价吃进。

事实证明，他的眼光非常好。作为北海道“窗口”的函馆，此后在北海道和本州之间的航运业上发挥了重要作用，相应地，港口仓储也成为一个重要产业。森屋的仓库因此不断扩大，就像一条“贪吃蛇”一样，圈占了附近大片土地。1907年函馆大火过后，森屋重建仓库，成为函馆仓储业的一霸。不过随着北海道的中心由函馆北移到札幌，海运业也跟着北移，加上战后航空业的发展进一步侵蚀了海运业的空间，红砖仓库终于如同小樽运河边的那一排仓库一样，由繁荣走向衰败。今天的金森红砖仓库，已变身成商业中心和文化场馆，只有仓库外表还保留着1909年重建时的样子。

在这个标志着函馆海运业曾经繁荣的建筑物旁，有着“最函馆”的食物，和函馆这个西洋风港口的气

函馆盐味拉面

冬季凛冽的海风推着浪吹向函馆山，站在大门通一带街町上瑟瑟发抖的人们，就靠着一碗热腾腾的拉面暖腹，端起碗来喝光汤，立刻元气满满。

质完美契合。

金森红砖仓库对面有一家餐厅，其迪士尼风格的招牌上有个巨大的小丑，店门外的菜单上，有各式各样汉堡的照片。这家店在函馆赫赫有名，它的店名叫ラッキーピエロ（Lucky Pierrot），意思就是“幸运小丑”，于是去旅行的人就简单地称呼它为“小丑汉堡”。如今，这家店出售的汉堡已经是函馆的“名物”。

汉堡，这个和德国北部一座著名的港口城市同名的食物，现在一般指的是用两片小圆面包夹着肉饼的三明治状食物。而被称为“汉堡排”的肉饼，对日本的肉食文化意义重大，因为它可以说是一代日本人的肉食记忆。

汉堡排其实源于蒙古草原的“鞑靼肉排”。蒙古骑兵在长距离的移动中，需要食用马肉，而马肉有一个很大特点——肉质坚韧，难以咬动。为了吃下这“费牙”的肉，蒙古人发挥聪明才智，把马肉切成细丝，灌进羊肠压在马鞍下。在马跑动时，马和骑手的体温能慢慢软化肉质，使其达到可食用的状态。这种重口味的料理法，随着蒙古铁骑的移动被带到了欧洲，欧洲人称呼它为“鞑靼肉排”，同时把原料由吃不惯的马肉改为牛肉。料理时也不再用马鞍，只是简单地将牛肉切成细丝，然后烧烤烹调，毕竟，不是所有人都有勇气吃生肉的。

鞑靼肉排沿着蒙古骑兵的足迹，从俄罗斯平原一路传播到德国，深受德国人的喜爱，据说在汉堡特别受欢迎。于是，这种食物被打上这个城市的烙印，叫“汉堡排”（Hamburg Steak），然后又随着德国移民漂洋过海到了新大陆，大受美国人欢迎，美国人就把它叫作汉堡（Hamburger）了。

明治时期的1905年，在日本一本名叫《欧米（欧美）料理法全书》的书中，出现了“ハムボーグ、ステーキ”（Hamburg Steak 的日文音译）。到了20世纪20年代，日本大阪、神户等地的料理店开始出现用肉、鸡蛋、土豆泥等材料制作的肉饼料理。但是，汉堡排真正风靡日本还是在第二次世界大战以后，特别是60—70年代经济发展期。汉堡排的流行首先得益于包装食品的普及。肉饼这种东西，制作成真空包装食品最合适不过，而希望给晚餐加一道“硬菜”的主妇们，十分喜欢这种方便的食品。其次，学校为了给学生增加营养，也在学校餐中提供这道菜，因为它制作简单、原料便宜（都是价格比较低的猪肉或鸡肉），无意中培养起了一代人吃这种食物的习惯。就这样，汉堡排成为日本流行的一种“和式洋食”。

而把汉堡排夹在两片称作“buns”的小圆面包中间，做成类似三明治的“汉堡包”，一般认为是在19世纪末20世纪初的美国最先出现的。汉堡包的发明者到底是谁，今天争议不断，但可以肯定的是，自从它在1904年美国圣路易斯万国博览会亮相以后，就开始流行起来。

不过，真正让这款食物风靡世界的，正是知名的快餐连锁店——金拱门，它的英文名或许更家喻户晓——麦当劳（Mcdonald's）。1940年，在美国加利福尼亚州的圣贝纳迪诺市，兄弟俩理查德·麦当劳和莫里斯·麦当劳（Richard and Maurice McDonald）开设了一家以他们的姓氏命名的餐厅，用工厂生产线的模式来生产汉堡，将一个汉堡的价格压低到了15美分。

1955年，一个叫雷·克洛克（Ray Kroc）的人收购了麦当劳，他完成了麦当劳的现代化，保证了产品质量，并开始将这家店推广到北美大陆乃至全球。

1971 年 7 月 20 日，取得麦当劳日本地区经营权的藤田商店在东京银座开出了日本第一家麦当劳。开业当天接到了 1 万多名顾客，光可乐就卖出了 6000 瓶，日销售 100 万元，以至于出纳机和制冰机都因为超负荷运行而出了故障。今天，麦当劳这家巨无霸型企业占据着日本 60%—70% 的汉堡市场，但是在北海道函馆，麦当劳的巨无霸汉堡还真红不过小丑汉堡。

说起来，麦当劳的“形象代言人”，也是一个穿着红白条纹衫和黄马甲的小丑，不知道函馆的小丑汉堡在 1987 年创业的时候，是不是参考了这个有趣的形象呢？

小丑汉堡之所以受到函馆人的欢迎，在于它始终秉持“地产地食”的运营理念，所使用的肉和米，都是北海道当地出产的，蔬菜也是函馆周边种植的。用本地食材做出的汉堡，一方面在食材的新鲜度上有一定保证，另一方面也会吸引不少的居民为推动本地农业的振兴而前来光顾，这可真是一种精明的营销策略啊！

同时，小丑汉堡还擅长对这种源自美国的食物做日本化的“改编”。比如店里人气第一的油淋炸鸡汉堡，夹的就是日本人最喜爱的日式炸鸡。鸡肉在滚油里嗞嗞响过以后，酥软的外皮要带着那么一点油和水分，包裹住嫩滑的鸡肉。咬开的时候，油会顺着肉的纹路从嘴角流下。

这种“硬菜”，最好的搭档是一片清爽脆嫩的生菜，能最大限度消除油腻带来的不适感。把它们夹在两片面包中，就是一个再地道不过的北海道本土汉堡。

人气第三的炸猪排汉堡也非常“本土”，因为在日本料理中，炸猪排具有非凡的意义。把炸猪排放在米饭上做成的胜丼是很多学子考试前必吃的，而这个所谓的“胜丼”，其实源于一个有点好笑的谐音梗——猪排盖饭（カツ丼）的日文读音听起来很像“胜丼”。所以，在考试前，吃上那么一碗，可能和寝室里“挂柯南”的效果一样。只是不知道函馆的学子在考前会不会跑到小丑汉堡点一份“胜汉堡”来代替“胜丼”呢？

除此之外，像干烧虾仁、咕咾肉这样的中华料理也被夹进了汉堡中。对于中国人来说，日本许多的中华料理根本不是熟悉的味道，何况还有“天津丼”这样中国人闻所未闻的中国菜。干烧虾仁在中国是用豆瓣酱做的川菜，但在日本，用的就是鱼酱或番茄酱，再加上高汤和鸡蛋来调味。这道很受日本人喜爱的中华料理是1952年移居日本的中国厨师陈建民和他的儿子陈建一改良制作的，在半个世纪的岁月中，早失却了原本的面貌，变成了一道适合日本人口感的料理，略带甜口的虾仁带着挂浆，和汉堡也有着微妙的和谐感。

中华料理可变，汉堡也可变，不管什么食物，到了异国他乡，都免不了要入乡随俗，符合本地人的口味。日本料理在近代的全球化浪潮里，就这样吸收了来自世界各地美食的元素，兼容并包，再度革新。一份汉堡的变革过程，大概也算是料理界的“明治维新”了。

十、札幌的汤咖喱

如果你家里恰好有材料，就跟着我一起做汤咖喱吧。

牛肉70克、马铃薯100克、胡萝卜20克、洋葱80克、小麦粉10克、咖喱粉1克、盐少许、猪油5克。

热锅，将猪油、小麦粉、咖喱粉混合，用小火调

札幌汤咖喱

满满的一碗咖喱汤里，各种食材争奇斗艳，然而“万变不离其宗”，最终大家咕嘟咕嘟融合在一起，呈现出日式咖喱最本真的样式。

和成糊状。牛肉切碎，洋葱切块，用猪油炒至半熟。锅中加水，加入胡萝卜，用少许盐调味，最后倒入糊状的咖喱，你就可以得到一锅原汁原味的咖喱牛肉汤，配上一碗米饭就是挺好的一顿咖喱饭。哦，不对，在第二次世界大战前，日本军国主义肆虐的时期，这叫辣味汤带饭（辛味入汁掛飯）。

那是一段带点“黑色幽默”的历史，这个制作咖喱饭的方法，被详细地记载在了旧日本陆军发行于1931年的《军队调理法》中，是旧日本陆军常吃的一种随军军粮，它跟着日本侵略者的刺刀走遍了亚洲。但是在1940年日本和英美等国开战以后，英语成了日本人的“敌性语”，日语中的英语音译词都得改。饮食业可是“重灾区”，原本译自英语“donut”的甜甜圈（ドーナツ），得叫作“砂糖天妇罗”（砂糖天麩羅），可乐饼（croquettes，コロッケ）得叫作“油炸肉馒头”（油揚げ肉饅頭），而带着浓郁西洋风的咖喱饭（curried rice，カレーライス）当然也被迫改名，叫作“辣味汤带饭”。

吃人家的饭，砸人家的锅，还不让人说，军国主义“掩耳盗铃”式的愚蠢往往在这种事情上表现得淋漓尽致。

说起来，咖喱这个东西，进入日本的时间也不长，最早把“咖喱”这个名词介绍给日本人的，是平成时代印在一万日元纸币上的那位学者——福泽谕吉。在1860年出版的《增订华英通语》中，他把“咖喱”音译为“コルリ”，和今天日语中通用的“カレー”略有不同。

而把咖喱的做法介绍给日本人的，是12年后出版的一本叫《西洋料理指南》的书。另外，明治时期的一位奇人假名垣鲁文也在他写的《西洋料理通》中介绍了咖喱的做法。假名垣鲁文还是明治时期提倡吃肉的先驱者，他曾经写道：“无论士农工商老弱男女贤愚贫富，如果不吃牛肉就是不开化不进取的下等人。”由于他鼓吹“文明开化”，自然在他的咖喱方子里，也能看到牛肉和鸡肉的身影。

日式咖喱的推广，受旧日本陆海军的影响很大。1873年，也就是《西洋料理指南》中出现咖喱做法后的第二年，日本陆军的幼年学校就把咖喱饭列进了每周六的学生食谱中。在这样的环境中成长起来的陆军军官，很容易就接受了这种饮食文化。在1908年，以英国海军为模仿对象的旧日本海军，在船上吃起了咖喱饭，今天日式咖喱加小麦粉的习惯正是来自海军。加入小麦粉，一来是为了防止远洋航海时常见的维生素B缺乏症——脚气病，二来船上颠簸的就餐环境也要求海军必须要改进咖喱汤的样式。把咖喱做成糊状，会大大降低用餐时咖喱汤汁从碗里倾洒出来的可能性。相对地，陆军就没有这样的要求，所以在上面所述的陆军《军队调理法》中，咖喱就是一碗汤。

札幌人引以为傲的汤咖喱，或许就是日式咖喱最本真的样式。

说起来，北海道和咖喱也有着悠久的缘分。明治九年（1876），毕业于德国哥廷根大学，以园艺学、农学和植物学为专长的美国教育家威廉·克拉克（William Smith Clark，1826—1886）成为新成立的札幌农学校（北海道大学的前身）的教头（实际上的校长）。

札幌农学校的历史可以追溯到1872年，当时的北海道开拓使为了培养开拓北海道的人才，在东京设立了一所专门的开拓使学校。1875年，这所学校移到了札幌，次年8月改名札幌农学校。从这所学校里，走出了教育家新渡户稻造、思想家内村鉴三等一大批著名的人才，而克拉克教授正是札幌农学校的开创者，为日本的农业教育做出了卓越的贡献。今天他的雕像仍然矗立在北海道大学的校园以及札幌羊之丘展望台。

关于克拉克的故事有很多，其中一个与他制定了一条有趣的校规有关。他规定，住宿在学校里的学生，禁止食用米饭，因为他要培育学生的西式生活习惯。米饭只在一种情况下可以破例食用，就是配上咖喱的时候。所以，克拉克教授就成了北海道咖喱的推广者。

这个故事不一定是真的，或许是那种将某一食物的流行归功于名人的老套路，因为在北海道大学的史料中，并没有找到这条校规。但是咖喱这种外来食物的流行，确实和克拉克同时期的西方人有着密切的关系。札幌农学校的记录显示，在明治十年（1877）七月，学校就购买过咖喱粉，可见至迟在克拉克任职的第二年，札幌农学校已开始提供咖喱了。

但是，今天的札幌人，却喜欢吃一种和日本别的地方不一样的咖喱——汤咖喱（スープカレー）。

札幌网红食物汤咖喱的历史，不到半个世纪，据说这是一种从中国和朝鲜流行的药膳发展而来的料理。大约在1971年，札幌中央区的一家咖啡店，打着中华药膳的招牌，将流行于中国的药膳和印度的咖喱料理相结合，制作出售一种“药膳咖喱”。据说药膳的配方来自老板辰尻宗男的祖传，每天限量20份。这种新鲜的料理引起了札幌人极大的好奇心。但是，“汤咖喱”这个名字并没有因此流行开来。一直到了20多年后的1993年，札幌一家叫“Migic Spice”（マジックスパイス）的店才第一次打出“汤咖喱”这一招牌。2003年，横滨咖喱博物馆邀请“Migic Spice”前去开设分店，从而让日本其他地方的人了解到了札幌汤咖喱这种神奇的食物。

可见，所谓的札幌“名物”汤咖喱，以这个名字真正流行开来的时间只有短短20多年。今天的札幌是汤咖喱的圣地，有200多家汤咖喱专门店各显神通，做着不同风味的汤咖喱。但是在札幌以外的区域，汤咖喱基本上一店难求，近年来一些店家才开始向北海道和日本的其他区域发展。所以，汤咖喱是一种名副其实的札幌“新名物”。

最开始接触汤咖喱的时候，其实内心有那么一点忐忑。以糊状著称的日式咖喱，一旦做成汤状，是不是会变成黑暗料理?

事实证明，这种担心是多余的。札幌的汤咖喱，具有一种很独特的个性——包容。它以博大的胸怀，包容了各种食材和汤料，但是又不失咖喱鲜明的特点，可以说是万变不离其宗。如果把汤咖喱比作中国的朝代，大概是唐朝——兼收并蓄，坚持自我。

汤咖喱的包容首先表现在它对汤汁的包容上。汤咖喱大约是吸收了法式浓汤和泰式冬阴功汤的元素，制作时先用炒制或者煮的方式，充分激发主要食材的味道，致其“出汁”，以此为基础加入咖喱制作成汤。猪骨、牛肉，能为汤底提供丰富动物蛋白和脂肪；菌菇、萝卜、藕片，能增加汤底清雅的自然味道；带子、鱼丸、海虾，使汤底有海潮的气息。有趣的是，不管哪一种汤底，加入咖喱以后都毫无违和感。香气满满的肉汁，咸鲜可口的墨鱼汁，或者是西洋风情的番茄罗勒汁，甚至是火辣暴烈的泡菜汁，只要加入咖喱，都能实现“速配”，可见没有比咖喱更百搭的调味料了。

汤咖喱的包容还体现在它对食材的包容上。在满满的一碗汤咖喱里，各种食材争奇斗艳。天上飞的，地下跑的，水里游的，土里种的，都可以在汤咖喱里找到一席之地。上好的猪瘦肉，裹上粉炸成金黄色，在咖喱汤中，任由汤汁慢慢浸润表皮，咖喱以柔克刚，渗透入猪排的肌理中。经过无数次刀剁后捏制出的牛丸，弹性十足，蕴含着无限的爆发力，经咖喱调制，咬一口汁水便充满口腔。鲜嫩的鱼丸，带着海的咸鲜味，只有咖喱才能抢夺它的光彩，在口中奏一支和谐的圆舞曲。三角形的豆皮，是咖喱的亲密伙伴，豆制品特有的善于吸收的特性，能让一块轻薄的豆皮吸收咖喱汤后变得无比沉重。翠绿的西蓝花、黄色的土豆片、白色的豆腐、带着红心的半熟蛋……不论哪一种食材，只要丢到锅里，咖喱都能将它们熔炼到一起，实现和谐。

当然，汤咖喱的原配还得是米饭。其实，日式咖喱千变万化，原配都是米饭。米饭的味道其实比较单一，基本上就是程度不一的淀粉甜味。但是离不了米饭的东亚人会给米饭搭配不同的味道。汤咖喱体现出的就是一种东亚式的智慧。米饭，只要加一勺咖喱汤，就会变得不一样。咖喱的微辛中和了米饭的甜，一边大口喝汤，一边大口扒着米饭，你就会明白，日式咖喱的精髓不在于是否做成糊状，而在于有没有米饭，没有米饭的日式咖喱是没有灵魂的。

在今天的日本，咖喱成为一种常见的家常菜，这得益于咖喱方便食品的普及化。日本在 1950 年就开发出了固体咖喱调料。1963 年，House 公司根据日本人的口味对其进行改进，加入了苹果汁、蜂蜜等，生产出口味更柔和的咖喱产品，这就是著名的“百梦多咖喱”。1968 年，大塚公司又开发出了软包装的咖喱食品，是专门用来做咖喱饭的盖浇料。经过半个世纪的发展，咖喱方便食品已经成为懒人的秘方。只要在便利店买一份有洋葱、土豆、鸡肉、牛肉等配料的软包装盖浇料，回家煮一锅米饭，把调料包倒到米饭上就做成了咖喱饭。

汤咖喱这种新生事物，当然也逃不脱方便化的趋势。某一天札幌的“煮妇”“煮夫”们赫然发现，楼下的便利店里出现了汤咖喱配方包，于是，在家做汤咖喱变得非常简单。一碗米饭，一碗汤，就能解决一顿温饱。在逐渐少子化的日本社会，可能没有比咖喱这种食物更适合一人食了。如果是两个人，吃咖喱也不错。两个人在一起，就好像两颗咖喱，放进汤里，虽然会沸腾，起泡，但是终究会糊到一起。

十一、富良野的薰衣草冰淇淋

每年夏季，从北海道的旭川和富良野车站会发出一辆长得很特别的列车。它不像其他 JR 列车一样钢头铁脑，而是散发着木头的芳香和油烟的气味，它的车厢、椅子、地板，都是用木头拼接而成的。这列古色古香的列车，会在每年的 6 月到 9 月之间，往返于富良野站和旭川站之间，穿过夏日北海道芳草萋萋的田野，穿过繁花似锦的美瑛町，一路绿意盎然。这列列车有个可爱的名字：Norokko 号。

Norokko 号在途中，会停靠在一个很简陋的临时车站。车站的站台是用几块大木板搭起来的，没有建筑，没有检票员和工作人员，甚至连出站口都只是一段小斜坡。这个在铁轨旁简单搭建的临时小站，却有个听起来很美的名字——薰衣草花田站（ラベンダー畑駅）。

无数来到北海道的游客，乘坐这一列特殊的临时列车，会在这个简陋的临时车站下车，为的就是看一

富良野薰衣草冰淇淋

薰衣草冰淇淋的外表，是和薰衣草一样浪漫的淡紫色，不过，正所谓"彼之蜜饯我之砒霜"，它那清奇的味道并不是所有人都能hold住哒！

看这里盛放的薰衣草。薰衣草花田站，站如其名，只有在薰衣草开花的季节，花田才会奇迹般出现在铁轨旁的老地方。

在薰衣草花田站下车，沿着田埂一路前行，就会到达大片的花田，在薰衣草怒放的季节，花田一片漂亮的紫色，空气中弥漫着香味。

薰衣草，是一种妥妥的外来物种，进入日本不超过一百年，所以在日本人眼中，薰衣草有时是一种拥有神性的植物。日本作家筒井康隆的代表科幻作品《穿越时空的少女》中，女主角芳山和子就是在理科实验室里闻到了一股薰衣草花香味而昏迷，进而获得了穿越时空的能力的。

对薰衣草的美好想象，大概来自这种植物各种有趣的作用。在很久以前人们就发现，薰衣草具有众多的功效。古罗马人对洗澡这件事情有独钟，澡堂是古罗马人最重要的社交场所。而薰衣草这种东西，只要在洗澡水里加上那么一点，就能让人全身变得香喷喷的，所以深受奢靡的古罗马上流社会的喜爱。今天薰衣草的日语名字ラベンダー，来自英语 lavender 的音译，而这个英语单词则来自古法语“lavandre”，这个名词被认为源自古拉丁语的“lavare”，意思是“清洗”。

在很长一段时间里，日本人对薰衣草是一无所知的。所以，薰衣草的这个名字出现在日语里的时间，不过 200 年。江户时代后期的兰学者，根据荷兰语中的“lavendel”一词将薰衣草音译为“ラーヘンデル”，并且描述它是一种可以用来制作医用精油的植物。当时，有学者去研究了西方人提取精油的蒸馏法，并且向江户幕府申请引入薰衣草的种子和精油，作为一种“兰方医药”使用。但是，兰学毕竟是一种比较小众的文化，对于日本的芸芸众生来说，薰衣草还是一种非常陌生的植物，更遑论使用它的制品。

1937 年，一家创业于大正四年（1915）的香料公司——曾田香料株式会社正式从法国引种了薰衣草，并且在 1942 年第一次从薰衣草中提取精油。当然，在军国主义肆虐的时代，种植和推广薰衣草只是美好的幻想，一直到第二次世界大战结束后，在战火中留存下来的薰衣草种子才开始发挥作用，日本人选择了北海道这个气候和风土都特别合适的地方，开发薰衣草种植业。

1958年，北海道一个名叫富田忠雄的农场主，在自家的农场里开出了10亩地，种植薰衣草。富田家从1903年开始就在北海道的中富良野町开垦农场，到富田忠雄这一代已经是第三代了。自从曾田香料在富良野一带开始栽培薰衣草以后，北海道农民都看上了这个蓬勃发展的产业。

薰衣草花如其名，带有清雅的香味，能够做成花包放在衣柜中作为防虫剂使用，但它的作用又不止于此，还可以制作成薰衣草枕头、薰衣草香皂等一系列产品。当然，最常见的用途就是用来提取薰衣草油，薰衣草油是诸多香水的原材料之一，也可以作为药用。

从20世纪50年代开始，日本社会突然沉迷于植物带来的健康，植物维生素的理念在50—60年代风靡一时。1954年，日本人开始谈论维生素，到1963年，许多人开始喝用一种叫羽衣甘蓝的蔬菜磨成的汁，这种蔬菜富含维生素和矿物质，被认为是健康食品。薰衣草精油这种植物提取物，也随之流行开来。

一本万利的薰衣草种植业就这样在北海道飞速发展起来，最繁荣的时候，北海道有250多户农庄在种植薰衣草，年产薰衣草油5吨以上。但是，这股薰衣草热并没有持续多久，随着战后日本国内市场的逐步开放，进口香料进一步挤占市场份额，薰衣草价格下跌。加上人工合成香料技术的进步，转化率低、成品量少的天然香料被可以大规模生产的人工香料所取代。曾经种植薰衣草的北海道农庄纷纷转行，但是，富田农场依然坚持从事这一行当。

1981 年 10 月，富士电视台制作播出了一部名叫《来自北国》（北の国から）的电视剧。电视剧讲述的是一户从东京返回北海道富良野生活的普通家庭的故事，意外地受到了好评，共 24 集的电视剧创造了平均收视率 14.8% 的纪录。由于太受欢迎，在放映完毕后的 1983 年到 2002 年这漫长的 19 年间，又陆续制作了 8 部特辑，最后成为一部长寿的系列电视剧。中国中央电视台电视剧频道曾将这部剧全部引进，重新剪辑为 30 集，在《佳艺剧场》播出。

这部广受欢迎的电视剧产生了一个连带效应，就是拉动了富良野的旅游业。电视剧取景的富田农场，成片薰衣草田的美景震撼了观众。日本国有铁道为了推广北海道旅游，在 1976 年把富田农场的薰衣草花田印在了国铁的宣传广告上，铁路带来的游客让富良野这个北海道小城市瞬间热闹起来。而《来自北国》的编剧仓本聪其后又写了两部以富良野为背景的电视剧——《温柔时光》(優しい時間)和《风之花园》(風のガーデン),进一步推动了富良野的旅游热。旅游业的收入开始取代薰衣草种植业本身,成为富田农场的主要收入来源,这大概是富田家一开始决定投入薰衣草种植时怎么也想不到的。于是,在20世纪80年代,富田农场索性停止了种植粮食,转向花卉种植,开发香水、肥皂等周边产品,专心开发旅游资源。

就这样,一款富田农场专属的网红食品就此出炉了。不知道从什么时候起,富田农场开始制作一款夏日限定的薰衣草冰淇淋。

用薰衣草制作食物并不是一件稀奇的事情,世界上最著名的薰衣草种植地法国普罗旺斯省特产的调味料普罗旺斯香草(herbes de Provence)就是将小茴香、薄荷、罗勒叶等香草加入薰衣草制作而成的。法国人在烹调鱼、肉或者煮汤的时候,会加入一些普罗旺斯香草提香。

薰衣草冰淇淋的外表,带着和薰衣草一样的淡紫色,因为加入了薰衣草香料,所以有和薰衣草一样的淡雅香。其实，并不是所有人都能接受薰衣草冰淇淋的味道的。许多香料对于不同的人来说，是“彼之蜜饯我之砒霜”，比如芫荽，有人爱其诱人的香味，也有人厌恶它“污染一切”的巨大威力。薰衣草也是如此，它带有一种标志性的香味。尝一口薰衣草冰淇淋，那种熟悉的香草味被掩盖在独特的味道里，有夏日衣柜的芬芳，有早晨的阳光照在枕头上的清香。但是，对于不喜欢薰衣草的人来说，或许会觉得这个味道太“喧宾夺主”啦！

如果实在受不了这个味道，不妨去富田农场的一侧，尝试一下另一种冰淇淋——北海道特产的某种水果制作的冰淇淋，也带有夏日北海道特有的味道。

北海道中部靠近札幌的地方，有一个名叫“夕张”的小城市。夕张（ゆうばりし）这个地名，来源于北海道阿伊努语的“ユーパロ”，意思是矿泉涌出的地方。从明治维新推行工业化开始，在漫长的一段时间里，夕张一直是日本国内少有的煤炭产地。但是在20世纪60年代的能源革命中，随着世界能源主体由煤炭向石油和天然气转变，煤炭产业成为夕阳产业，位于夕张的煤矿企业相继倒闭。到1990年，夕张最后一家煤矿关门大吉，夕张市陷入了经济危机，政府债台高筑，城市人口越来越少，一场经济转型亟待进行。

好在从 20 世纪 50 年代开始，夕张本地人不断寻求改进本地网纹蜜瓜的方法，最终在 1961 年，著名的夕张蜜瓜宣告诞生。在夕张这个布满矿山的地方，地狭人少，不适合大规模集约化农业的发展，但是，夕张的土质和气候却十分适合蜜瓜生长。改良后的夕张蜜瓜成了夕张农业产业发展的突破口。今天的夕张蜜瓜，成为夕张乃至北海道的一张金名片，每年出品的夕张蜜瓜在农产品拍卖会上必定备受热捧。2018 年 5 月，当年新出品的两枚装的夕张蜜瓜拍卖价格达到 320 万日元，刷新了夕张蜜瓜的拍卖价格纪录。夕张蜜瓜，成了这个已经破产的城市为数不多的救命稻草之一。

简简单单的一只蜜瓜，为什么会炒到这样的高价？那是因为每一只夕张蜜瓜都经过了严挑细选，只有“夕张农业协同组合”严格检查过的，经过认证的，才能打上“夕张蜜瓜”的标签上市。这样挑选出的每一只夕张蜜瓜都呈饱满的球形，表面布满细密的网纹，顶端有着 T 字形的瓜藤，切开来，里面是香气四溢的红色瓜瓤，每一口都可以品尝到甘若蜜糖的汁水。

红瓜瓤和高糖度，是夕张蜜瓜的两大特点，这种“尤物”对于要限糖的人来说可太不友好了。其实，北海道除了夕张以外，札幌、富良野等地也都出产好蜜瓜，在夏日的北海道，蜜瓜是最时兴的水果。蜜瓜、Wi-Fi、空调，大概就是让北海道人夏天最感惬意的组合了，这个时候，如果再来一支蜜瓜口味的冰淇淋，应该就是锦上添花了。

夏日的微风，蜜瓜的甜香，薰衣草的味道，冰淇淋的清凉，那是北海道富良野七八月的“风物诗”。

十二、函馆的盐味拉面

走在函馆的路上，随处可见拉面馆，而几乎每一家拉面馆的招牌上，都写着龙飞凤舞的“塩ラーメン”字样。作为北海道最古老的城市之一，函馆似乎有着一股子和札幌较劲儿的意味。独特的盐味拉面，是函馆人的骄傲，带着一种有别于札幌的特立独行的气质。

北海道拉面的天下被一分为三：札幌拉面喜用味噌，口味浓郁，如同曹魏，居天下之中，睥睨一切；

旭川拉面喜用酱油，注重传统，如同蜀汉，固守旧俗，徐图中原；而位于道南的函馆拉面，以独特的盐味闻名于世，如同东吴，推陈出新，割据一方。1996 年，日本最著名的方便面企业日清发行了一款名为“日清的拉面屋”的产品，将“札幌味噌味”“旭川酱油味”“函馆盐味”并列，三大拉面因此闻名天下。

一碗优秀的拉面，除了面要筋道，配料要丰富以外，最重要的就是要有一碗好汤。好汤，可以弥合分歧，可以掩盖缺陷。鲜美的面汤，绝对能为一碗拉面加分不少。

拉面的面汤，是由“出汁”和“タレ”组成的，不论“出汁”是用海鲜还是猪骨或者其他食材制成，“タレ”都万变不离其宗，味噌、酱油、盐，不同的“タレ”决定了面汤的不同特性和风味基调。

函馆人认为，函馆是日本拉面的发祥地，日本最古老的拉面来自函馆，而它的源头在中国南方。有一种流行的说法把拉面起源追溯到了 1884 年（明治十七年）的 4 月 28 日。这一天，函馆本地的《函馆新闻》上刊登了一份广告，用醒目的大字写着“南京御料理：养和轩，アヨン”。广告开头有一大段客套话：“本店为西洋料理店，自开业以来，广受各位顾客的喜爱，遂有今日之生意兴隆，诚挚感谢各位的莅临”云云。其后附上了一份标着报价的菜单，其中有一道菜叫“南京荞麦面”（南京そば），价格是 15 钱。

从广告来看，这家店之前做的一直是西洋料理。广告中提到，店主对函馆这个开放的港口一直没有“南京料理”深表遗憾，所以特别开发了全新的菜单，从当年 5 月 8 日开始提供“南京料理”。不过，这家店的价格可并不“平民”，上等的“南京御料理”套餐，每人需要金一圆，下等的也要 50 钱一人。相比之下，15 钱一碗的南京荞麦面算是这家店里比较亲民的食物了。

值得一提的是，所谓的“南京料理”，并不是南京地区的料理，指的是中国菜。当时的日本，会把从中国来的东西冠上“南京”的名字，比如把中国人聚集的区域称为“南京街”，中国菜也被叫作“南京料理”。养和轩的那位厨师アヨン也不是南京人，据研究，他很可能是当时在英国领事馆工作的广东籍厨师陈南养。

虽然过去了不过一百多年的时间，但陈南养和养和轩做的南京荞麦面究竟是什么样子的，今天的函馆人早已不记得了。然而这并不妨碍一部分函馆拉面的爱好者和研究者把它拿来当作函馆拉面的祖宗。

还有一种流行的说法，也和广东有关。在一张拍摄于 1935 年的照片里，留下了关于“支那荞麦”（支那そば）的线索。那个时候的函馆，作为日本北部最重要的港口城市之一，一度商旅辐辏。今天函馆山脚的十字街周边，就是最热闹繁华的地方。由于函馆海产品交易繁荣，有相当一部分来自中国南方的商人到函馆寻找机会，并在 1910 年（明治四十三年）建起了“中华会馆”。

“民以食为天”，这些人还在中华会馆旁开了一家中华料理店“兰亭”。函馆人把从中国来的人统一称呼为“广东桑”（広東さん），从设立会馆这个习惯看，很有可能当时来到函馆从事海产品交易的人，确实以广东人居多，他们把广东的一些饮食习惯带到函馆。在 1935 年的一张照片里，拍摄到了一家名叫“专门食堂笑福”的店，这家店位于当时函馆十字街附近的银座通。照片中店门的暖帘上，写着大大的“支那荞麦”的字样（在最早的时候，日本称呼中国为“支那”还并不带贬义，甚至中国部分革命者也自称“支那”，在其后的侵华战争中，“支那”逐渐成为一种歧视性的称呼）。

另一个线索是一张 1932 年的菜单，这张菜单属于“笑福”隔壁一家名叫“Miss 润”（ミス潤）的咖啡店，菜单上赫然写着：支那荞麦 15 钱。这个价格平民到什么程度呢？在同一张菜单上，咖啡、红茶和牛奶要 10 钱，而热巧克力比支那荞麦还贵——20 钱。当时的“Miss 润”和隔壁的“笑福”做着连锁生意，通过一个小窗口，把“笑福”制作的面出售给咖啡店的顾客。

函馆十字街一带是命运多舛的街町，经历过多次祝融之灾，包括英国领事馆、函馆正教会等诸多建筑，都因为火灾屡毁屡建。但是这样一碗价值 15 钱的面，却从未在烈火中消失，被生活在这个街町的人们不断传承，慢慢演变成今天函馆人引以为自豪的函馆拉面。

这碗“支那荞麦”究竟什么样子呢？据“Miss 润”的人回忆，“支那荞麦”是细面，配的是一碗清汤。如果真如函馆人所说的，“支那荞麦”的厨师是“广东桑”，那这碗面汤倒非常值得期待。广东人是煲汤的好手，尤其擅长制作各种长时间熬制的“老火靓汤”，在广东民间，人们深信这种汤具有诸多养生功效，而选择性忽视了长时间熬煮形成的高嘌呤、高脂肪、高草酸带来的风险。

但是，老火靓汤的妙处就在于长时间熬煮，经过水和火的洗礼，食材中的氨基酸充分地溶解到了汤里。氨基酸是构成鲜味的基本要素，一碗溶解了各种氨基酸的汤，会因为食材的不同，呈现不同的风味。牛羊肉汤，鲜味厚重，脂肪让汤呈现出清亮的油色；鱼鲜的汤，脂肪被鱼肉中的卵磷脂和蛋白质乳化，呈现奶白色，有着层次丰富的口感；蔬菜的汤，口味清新，自带春意，特别符合口味淡雅者的需求。所以，广东人才会乐此不疲地用各种锅，以一种哈利·波特上魔药课的心态，试验着食材的不同配搭，调配出不同的汤色。在一碗汤里，凝聚着广东人对美味的极致追求，如果说人体的70%是水组成的，那么广东人身体里大概有50%是汤。

所以，广州街头的许多店里都能端出一碗久久熬煮的老汤，配上一份炖得酥烂的牛肉，几粒弹性十足的鱼丸，还有吸收了汤汁精华的蔬菜。这样一碗汤里，放的是粉还是面不重要，只要记得大口吃面、大碗喝汤就行。粉和面，都是汤最好的配搭。端起碗来喝到见底，就是对花费了数小时熬汤的厨师最大的尊敬。

这种爽利的吃法，也很合函馆的脾胃。在这里，“支那荞麦”慢慢地变成了函馆盐味拉面。鸡肋，这种在小说中害死杨修的奇物，是函馆人眼里的宝贝，配上猪骨，经过几个小时的不断熬煮，便熬出了满满的氨基酸和胶原蛋白。撇去浮沫，把汤汁收得清澈见底，只加入一点海中的特产——海盐调味，简单明了，可以最大限度保留汤汁的纯真味道。

函馆拉面的配料，也带着这个海港城市特有的气质，除了鲜笋、葱以外，还有几枚鸣门卷。如果把一碗拉面比作《倚天屠龙记》的话，那面是张无忌，汤是赵敏，而鸣门卷就是杨逍——最显眼的配角。鸣门卷其实就是鱼糕，也就是日本人说的“蒲鉾”，是把鱼肉搅碎脱水后添加盐、蛋白等辅料制作而成的。鸣门卷的特殊之处就在于它的横截面上用食用色素制作出了一个与日语平假名“の”一样的螺旋，人们看到它，就会不由得想到位于本州和四国之间的鸣门海峡。由于这个海峡特殊的水文条件，常常会生成惊险的旋涡，因此人们就把这种带着旋涡纹还经常“抢戏”的食物称呼为“鸣门卷”。鸣门卷，能让一碗函馆盐味拉面散发出海的气息，就像一个函馆人在自夸——我们可是北海道，不！是日本最早开港的城市哦。

在日本战后初期，函馆百废待兴，每天行色匆匆的函馆人在路过函馆站前的大门通一带时，能遇见许多做拉面的小贩。他们的行头非常简单，把一辆放置所有家伙什儿的“大八车”（日本旧时的一种两轮人力车，两个轮子配上一块带着推手的木板就能制成，取名“大八车”一说是因为它能干八个人的活，一说是因为车长八尺）推到站前路上，就架起锅子来做拉面，顾客都站在摊位前捧着碗吃面。

函馆站一带，靠近海边，冬季凛冽的海风推着浪吹向函馆山。半个世纪前站在大门通一带的街町上瑟瑟发抖的人们，就靠着一碗热腾腾的拉面暖腹，端起来喝光汤，元气满满开始一天的工作生活。时光荏苒，半个世纪后的今天，函馆人仍然在延续着这样的生活，一个个盐味拉面的招牌，就是函馆人最熟悉的故乡情景。

十三、石狩的锅物

如果一个厨师在厨艺打磨过程中遇见了瓶颈，逛一下菜市场倒是一个好办法。特别是在饭点的时候，走到市场里，看看那些出售食材的人们是怎么吃的，没准儿会获得新的灵感。

江湖传闻，最会吃的人，往往就是提供食材的人。出售猪肉的人，会知道猪脸肉是一种多么珍贵的食材，无论是炙烤还是白切，都有着完爆五花肉的味道。海边捕鱼的渔夫，在卖完鱼以后，用一些下脚料——鱼鳔、鱼骨、鱼尾、鱼头……制作出的渔家独特料理，往往比大厨师的菜更具诱惑力。

北海道的石狩锅，最初正是一道这样的料理。

石狩，位于北海道西部，和札幌仅一山之隔，整个城市在海岸线和山脉之间的狭长地带向南北方向延伸。对于石狩人来说，最值得骄傲的，是境内那条石狩川。这条北海道最长的河流，发源于北海道中部的大雪山，蜿蜒 260 多公里，最终在石狩注入日本海。它是日本第三长的河流，也是日本流域面积第二的河流。

河流，往往是文明的摇篮。对于生活在石狩川一带的阿伊努人来说，石狩川中生息的一种鱼类，是他们心目中的“神鱼”。这种被阿伊努人叫作“カムイチェプ”（神之鱼）的鱼类，就是鲑鱼。

北海道石狩锅

石狩锅的精华在于鲑鱼，当红色的鲑鱼肉在锅中的滚水里慢慢泛白，汤汁逐渐化为乳白色，这大概就是它最迷人的一瞬、最巅峰的时刻。

鲑鱼是硬骨鱼纲鲑目鲑科，在这一科中，有帝王鲑、秋鲑、银鲑、樱鳟、红鲑等多个品种广泛生活在北海道周边的俾路支海、鄂霍次克海和日本海中。鲑鱼有种独特的习性——它是一种季节洄游鱼类，每一条鲑鱼都会记得自己出生的河流。到了生殖季，鲑鱼溯流而上，前往日本北部、中国东北、俄罗斯远东区域的河流中产卵。纺锤形的身体能帮助它们克服水流的阻力，回到河流里，在温暖的河床上产下下一代。而鲑鱼卵，会在河川中度过第一个冬季，在春暖花开的季节孵化。幼鱼在河川中长大，到夏季时顺流而下回归大海。

对于北海道的阿伊努人来说，捕鲑鱼是一件神圣的事情。阿伊努人会取出他们称为“イナウ”的祭祀用棍棒和珍藏的米酒，郑重其事地向神灵告解，希望神灵庇佑渔获丰收。捕捉鲑鱼的时候，阿伊努人会划着两条并排的独木舟，在两条舟中间撒下网，然后用棍棒敲晕网中欢蹦乱跳的鲑鱼，这样可以最大限度保持鲑鱼的鲜度。

阿伊努人注重生态保护，很少去捕捉还未产卵的鲑鱼，他们捕捉的重点是产卵以后奄奄一息的母鱼，这些为繁衍后代耗尽一生之力的鱼有时候也会成为河边生息的熊或者狐狸的过冬食物。阿伊努人捕捉的鲑鱼，除了一部分直接食用以外，剩下的大部分会被妥善保存起来过冬。对于阿伊努人来说，盐是一种需要和外界进行贸易才能获取的稀罕物，所以，他们当然不会采用腌制的方法来保存鱼肉。

聪明的阿伊努人用的是熏晒法，他们将鲑鱼的内脏取出，鱼肉洗净，先挂在室外屋檐下风干，然后移挂在室内的火炉上慢慢熏。要保存食物，最好的办法就是抑制微生物的生长，通过风干和熏干两个步骤，使得新鲜鲑鱼脱水，附着于鱼身的微生物生长速度降低。而最后一步，是充分利用北海道寒冷的气候，把干鱼埋藏在冬天的雪里，就像是把干鱼收藏在了一个天然的冰箱中。在食用这种鱼的时候，阿伊努人会用刀劈开坚硬的鱼身，抹上一层鱼油，加上一点点盐烤制而食。这种独特的食物，现在是北海道一道有名的乡土料理，叫“ルイベ”（Ruype）。

但是，今天的许多人，却喜欢上了鲑鱼肥厚的味道，还有鲑鱼子那爆浆的感觉，结果引发了鲑鱼的生存危机。尽管如此，每年还是有不少人将鲑鱼和鲑鱼的孩子送到日本、俄罗斯、中国、韩国等国家人们的餐桌上。

刺身、炙烤、寿司……你能想出的各种花式吃法不断被尝试，那么，鲑鱼最好的吃法究竟是什么呢？如前面所说，食材的提供者，或许就是最会吃的人，所以，我们可以问一下北海道的渔夫是怎么料理鲑鱼的。

明治时代，北海道的渔民会用鲑鱼做一道有趣的料理：用鲑鱼的骨、一部分内脏和蔬菜一起煮出高汤，加入浓郁的味噌提味，然后把鲑鱼肉切成大块，放到锅中。这一锅鲑鱼汤，就是渔民在辛勤劳作以后给自己最好的犒劳。

这道渔民的私房料理很快就被好事的商家盯上了。位于石狩川河口附近的一家名叫“金大亭”的店，从中看到了商机，于是推出了一款改良版的鲑鱼锅料理——汤汁用鲑鱼骨和昆布调味，加入洋葱、甘蓝等当时流行的所谓“西洋蔬菜”，当然，少不了用一大勺味噌提味。大块鲑鱼肉还要配上木棉豆腐，荤素搭配。为了消除鲑鱼自带的腥味，还会加入少许山椒。

“金大亭”改良的这款渔民私房料理很快就风靡石狩，

于是，人们就以地名为菜名，把这款料理称呼为“石狩锅”。

石狩锅的精华在于鲑鱼。鲑鱼肉是鱼肉中比较少见的红肉，肉质细嫩肥厚，富含蛋白。用鲑鱼骨熬煮的汤，鲜美异常，加上味噌的加持，足以造就一锅好汤。而石狩锅最迷人的那一刻，就是红色的鲑鱼肉在滚水中慢慢泛白。随着鱼肉泛白，汤汁也逐渐化为乳白色，蔬菜在锅中“咕嘟咕嘟”地响着。这锅汤里，有充分吸收了鱼鲜味的木棉豆腐，有贪婪吸取了汤汁的香菇和蔬菜，不需要任何火锅配料，也不需要寿喜锅那样的生鲜鸡蛋，只要搭配着汤汁，就能吃下一大碗米饭。

当然，北海道的渔民还有一道更独家的美味，北海道人把它叫作“ちゃんちゃん焼き”。用到的主料还是鲑鱼，而料理方式是——烤。“ちゃんちゃん焼き”这个名字，有人说是来自烤鲑鱼时发出的“Chan Chan”的声音，也有人说是渔民为了烤鲑鱼生火敲击打火石的声音，还有一种说法是等待料理时不耐烦地敲击食器的声音。不论是哪种说法，“ちゃんちゃん焼き”这个好听又好记的名字就此深入人心了。渔民们将鲑鱼切半，撒上盐和胡椒调味去腥，在一块大铁

板上涂上奶油，搁上鱼、洋葱、豆芽、圆白菜、青椒片……各种烤起来很好吃的蔬菜都会被搭配进来，到火候足够时，将白味噌调入酒里，加少许白糖提味，抹到鱼身上，剩余的浇在铁板上，听到“嗞啦”一声，立刻盖上一片锡箔纸，烤到全熟。揭开锡箔纸的那一刻，浓郁的香味直冲鼻翼，食客们都忍不住迅速地将烤到软嫩的鱼肉和酥脆的各种蔬菜搅和到一起食用。这道渔民的秘方料理也和石狩锅一样，迅速风靡北海道，成为北海道代表性的乡土料理之一。

说到底，美味，来自对食材的深刻理解。《庄子》中所提到的庖丁，为梁惠王解牛，“奏刀騞然，莫不中音。合于桑林之舞”，将解牛化为一种艺术。这份自信，正是源自对牛身体结构的了解，相信这位庖丁做出的牛肉汤的味道也一定不坏。这，大约就是渔民料理最终广受欢迎的秘诀。

十四、Royce 的生巧克力

如果你有强迫症，建议你到了北海道以后，去札幌新千岁机场 3F 国内航站楼和国际航站楼之间的

Royce 巧克力工厂看一看。透过透明的玻璃，能看到生产线上，各种颜色的生巧克力正在被切割、排列得整整齐齐，接受各种机械臂的处理。一个深度强迫症患者，可以扒着玻璃看上一天。

说起来，今天我们能吃到巧克力，还得感谢美洲人。不对！确切地说，应该说今天我们能拥有这样多样性的食物，必须深深地感谢美洲人——除了巧克力以外，土豆、甘薯、西红柿、南瓜、咖啡、藜麦、玉米、烟草……没有这些美洲植物，很难想象今天全世界的餐盘会发生什么样的巨变。

巧克力，是用一种名叫可可的植物制作成的。1492 年，西班牙人派遣哥伦布前往东方寻找香料，哥伦布根据“地圆说”向西航行，阴差阳错地发现了美洲大陆，从而使得可可的种子从美洲传播到了欧洲。在后来的殖民时代，欧洲人把可可种子带到了非洲西海岸和东南亚，使得这两片土地在今天和中南美洲并列成为可可的三大种植地。

日本第一个见到巧克力的人，据说是江户时代初期的支仓常长。庆长十八年（1613），江户幕府的仙台藩藩主伊达政宗以南蛮贸易为理由，提出了派遣使节团的构想，在德川家康的许可下，建造了“圣约翰洗礼者”号（San John Baptist）帆船，于庆长十八年九月十五日载着以传教士 Luis Sotelo 为首、支仓常长为副的遣欧使节团，越过太平洋，经过美洲前往欧洲。次年 10 月，使节团在西班牙塞维利亚港靠岸。12 月进入马德里，并于 1615 年 1 月获得了西班牙国王菲利浦三世的接见。1615 年 10 月 25 日，使节团最终抵达目的地罗马，并于 11 月 3 日获得了教皇保罗五世的接见。

据说就是在经过美洲（当时为西班牙殖民地）的时候，支仓常长见到了巧克力、面包、咖啡等多种甜品。但是，对于锁国中的日本来说，绝大多数人对巧克力这样的东西应该是闻所未闻的，只有少数人可能在住在长崎的荷兰人手中见到过巧克力。明治开国以后，直到 1918 年，森永制果才开始大量制作巧克力，使得巧克力在大正时代到昭和初期的 20 世纪 20—30 年代慢慢普及化。但是，完全不产可可豆的日本列岛，巧克力生产的原料严重依赖进口。直到第二次世界大战时，南下侵略的日本人占领了原属荷兰的印度尼西亚殖民地，掌握了当地的可可种植园，明治和森永这

北海道生巧克力

白居易形容荔枝“一日而色变，二日而香变，三日而味变，四日五日色香味尽去矣”，北海道生巧克力也是这般娇贵而又让人难舍的存在。

两大甜品帝国才终于有了相对充裕的原料。

随着日本在1945年战败投降，东南亚可可产区也从日本殖民统治的魔掌中解放。但是战后的日本仍然不缺巧克力，占领日本的美国大兵们，从战时开始就离不开巧克力。在占领期间，美国人把奶粉、巧克力等一大批“舶来品”运送到日本，很快，在战后废墟上成长起来的一代儿童学会了向美国大兵讨要巧克力。1960年后，随着日本经济的发展，可可和巧克力的进口也逐渐放开。现在，虽然日本巧克力消费量并不在世界前列，却是全世界前十的巧克力生产国。可见，日本生产的众多巧克力会出口到别的国家。

巧克力虽好，但是也不可多吃，这种高热量的食物，只要一片，几乎就能让你一天健步的努力付诸东流。巧克力最初的食用形式是饮料——没错，你在咖啡店喝到的那种热腾腾的“热巧克力”其实就是巧克力被人食用的最初形态。而今天我们能食用到固态巧克力，必须感谢一个名叫科罗德·范豪顿（Coenraad van Houten，1801—1887）的荷兰化学家，他一生中做出了两大贡献，第一大贡献是发现在巧克力中加入碱性盐就可以降低巧克力的苦味，从而能让更多的人爱上巧克力。而他的第二大贡献是在 1828 年发明了一台压榨机，这台机器能将可可液体中一半的可可脂压榨出来，进而可以和碾碎的可可豆、糖等原料混合，成为后来制作固态巧克力的基础步骤。1847 年，英国人约瑟夫·弗莱（Joseph Fry）完成了将巧克力固体化的工作。

另一方面，人类为抑制巧克力的苦味，很早就学会了把牛奶倒进巧克力饮料里。到 1875 年，一个叫亨利·雀巢（1814—1890）的德裔瑞士人发明了牛奶巧克力，——你没猜错，他就是今天赫赫有名的雀巢公司的创立者。至此，我们今天习惯食用的巧克力已经基本成形了。

那么，生巧克力又是什么玩意儿呢？莫非巧克力还有生熟不成？在日本的行业标准中，“生”其实是“未加工”的意思，所以，顾名思义，生巧克力其实是巧克力的原浆加上鲜奶油和洋酒，简单混合凝固而成的巧克力。一般制作欧洲式巧克力，都会有加热和精炼的过程，最大限度地去掉巧克力里的水分，延长巧克力的保存期限。但生巧克力制作时不会那么麻烦，只是简单地将可可原浆加上鲜奶油和洋酒，混合后冷却凝固，在表面裹上一层防止粘连的可可粉就制作成了。

日本的行业标准规定，可可含量占40%以上、奶油含量占10%以上、水分含量占10%以上的巧克力，才有资格叫作“生巧克力”。极简的制作手法，也让生巧克力成为十分娇贵的东西。白居易形容荔枝“一日而色变，二日而香变，三日而味变，四日五日色香味尽去矣”，这话用来形容生巧克力也差不离。在日本购买生巧克力，服务员会小心地在袋子里加上一个冰袋以保持巧克力的新鲜，并且叮嘱说“赏味期限”很短，回家尽快吃完。

生巧克力是日本人用自己的聪明才智发明的独特食物，它的原型可能是法国的甜品甘乃许（Ganache）。制作甘乃许时，也是将奶油加热，然后将它倒在巧克力上，搅拌混合后冷却，在混合过程中还会视需要加入利口酒或其他调配物。这种有趣的甜品可以单独作为一道甜品，也可以用来制作蛋糕或者松露巧克力——没错，那种包裹在蛋糕表面的一层巧克力，其实就是甘乃许。而日本的生巧克力，则在甘乃许制作手法的基础上，增加了众多的风味。其实在日本，洋酒的概念非常广，利口酒、威士忌、朗姆、金酒、伏特加、苦艾酒……都是洋酒，生巧克力多变的口感，一定程度上秘诀就在加入的不同风味的洋酒中。

北海道的Royce，大概是日本最有名的制作生巧克力的厂家，这家1983年创立于札幌的年轻企业，推出了各种口味的生巧克力。其中的香槟口味，是加入了法国的Pierre Mignon香槟。而苦味的生巧克力则加入了轩尼诗V.S.O.P，轩尼诗特有的悠长的韵味，使生巧克力带有微微的熏烤香气。除此之外，北海道的生奶油、日本人喜爱的抹茶都能和生巧克力搭成奇妙的组合，五颜六色的包装里，是不同的惊喜。

如果你去往北海道，记得离开的时候，带上一盒生巧克力，当甜味弥漫口中的时候，闭上眼睛，北海道的一花一叶就会浮现出来。如果你在日本，记得离开的时候，带上一盒生巧克力，当香气弥漫口中的时候，闭上眼睛，日本的一期一会就会历历在目。

后记

POSTSCRIPT

好吃 VS 难吃

日语是一种很有意思的语言，比如在形容一道食物好吃时，日语准备了两个感觉不同的词：おいしい和うまい。

这两个词语，读起来的味道完全不同，你甚至可以从读它们的语气里感受到食物好吃的程度。おいしい显得较为文雅，当一道食物有种慢慢沁人心脾的感觉的时候，往往会用这个词，人们会一边咀嚼一边捂住嘴，用比较轻的声音，拉长了尾巴上那个“い”字，发出轻轻的惊呼。让别人感受到的是一种对自然恩赐如此美好的食物的一种感激和对料理人由衷的敬意。

至于うまい，简直就是对食材的最高褒奖了。这个词语，发音铿锵有力，往往是一声爆呼，重音放在

第一个音节“う”上，而“まい”两个音节被快速划过，收得干脆直接。特别是在撸串、吃拉面这样的场合，一句うまい，直接能点燃现场的气氛。

这种语感上的微妙差别，其实和词语本身的来历有关。おいしい来自旧时宫中的女官所用的语言，“いしい”表示味道好，而女官语言习惯在词语前加一个“お”，所以就出现了这个音节比较长，说起来带着几分优雅的词。而うまい是一般市民所使用的词，在おいしい普及前，就已经广泛地被绝大多数人所使用。

所以在今天，おいしい一般用在那种需要细嚼慢品，进食姿态优雅的场合，而那种对舌尖直接刺激的料理，人们总是脱口而出一句うまい。

至于难吃，就不用那么麻烦了，人们会嗤之以鼻，用一个同样短促而有力的词表示嫌弃——まずい！

非常有趣的是，不论是おいしい、うまい还是まずい，其实是见仁见智的。龙生九子，各有不同，何况是人呢？每个人的舌尖，都对“好吃”和“难吃”有着自己的判断，一道料理，或许是一个人口中的好吃，却是另一人口中的难吃。所以，从这个意义上说，许多美食书，似乎已经失去了意义。

不过，这并不妨碍我们欣赏美好的东西。有的人游历各方，是为了打卡；有的人游历各方，是为了开阔眼界；也有的人游历各方，是为了寻找一口美食。大千世界，无奇不有，十里不同风，百里不同俗，每到一个地方，认识当地风俗的最好办法，就是去尝试一下他们的食物。

所以，丢下你的方便面和烧水壶吧，在旅途中，用发现美的眼睛去发现食物，有的时候会说おいしい，有的时候会说うまい，哪怕有时候遇上了まずい那也无妨，不都是一种有趣的体验吗？

在本书的最后，需要感谢我的挚友和良师郭老师，热爱可颂和鱼鲜的她，有着对食物极大的热情和对文字高度的敏感，她是本书除了编辑老师以外的第一位读者，给了我不少十分珍贵的意见和建议，使得这本书的文字能够以更完美的形式呈现给每一位读者。同时也要感谢漫画家老师，她用她的妙笔，为本书配上了诸多食物的美图，让本书的“色”表现得更为直观。由衷地感谢她们所付出的辛勤劳动。